もっと簡単で確実にふやせる

簡單上手的植物繁殖法

扦插 插
嫁接 接
壓條

さし
つぎ
とり

高柳良夫 著　　矢端龜久男 監修

三悅文化

希望你也能享受到
植物繁殖的樂趣和喜悅

—— 作者　高柳良夫

　　於日本各地的一般家庭中，在玄關附近、連接大門的走道或是圍籬側面裝飾草花，已經成為常見的景象。這是愈來愈多人喜愛栽培植物的證明。植物能讓親手培育的人賞心悅目，療癒疲憊的心靈。

　　植物栽培的樂趣除了仔細照顧養護使其開出美麗的花朵、結出果實外，繁殖也是一種樂趣。能感受到播種後發芽的喜悅，或是將朋友送的枝條扦插後發根、開花時的充實感。

　　植物繁殖有實生、扦插、嫁接、壓條、分株等各種方法。在本書中將於第1章用照片和插圖介紹這些繁殖方法，不論是誰都能實際操作。第2至6章則是從落葉樹、常綠樹、果樹等樹木到觀葉植物、盆花、山野草、香草等，盡量列出許多能在家庭栽培的植物，並以簡單的插圖解說繁殖方法和管理重點。

　　本書委託矢端龜久男先生監修以及實際操作的照片攝影。矢端先生長年任職高中教育，目前除了是一名育種家之外，也盡力投入職場上班族的教育。於本書中實際操作的同時說明了繁殖的基本和技巧，讓新手也能簡單繁殖。

　　植物繁殖經常讓人認為過程複雜且技術困難，實際操作後其實並非如此。

　　請你一定要試看看。當自己喜歡的植物成功繁殖時，喜悅的心情無法言喻。希望各位能藉由此書充分享受到植物繁殖的樂趣。

培育出全世界
獨一無二的原創品種

—— 監修　矢端龜久男

「因為柿子很好吃，所以把吃完的種子播入土中」常常有人會這樣說。播種是一件非常棒的事。種子終於發芽，逐漸長成大樹。

然而，也經常聽到經過數年好不容易開始長出果實的時候，卻因為柿子樹生長太大而視為燙手山芋。

學會嫁接技術的人則不同。活用此技術，將實生苗的接穗，嫁接在已經能結果實的柿子樹前端枝條，過了2～3年後，就能品嚐到自己播種的柿子果實。在大多數場合下，不會結出和原本的柿子樹（親本）一樣的果實。就是因為味道和親本不同，在第一次將果實放入口中時，才能體會到期待又緊張的樂趣。接著將自己喜歡的柿子，和事先準備好的實生砧木嫁接，就能培育出世界獨一無二的原創品種。

我曾在群馬縣的大泉町住了2年，那裡的行道樹是大花四照花（花水木）。一般而言，大多是將紅色和白色的園藝品種交替栽種，不過這個街上則是並列著從實生苗開始栽培的樹木。從紅至白色帶有巧妙的濃淡變化，在星期天散步於街道成為了我的樂趣。想找出自己喜歡的花色，不過總是讓人目不暇給而無法決定。雖然沒辦法做花水木這種大型樹木的育種，卻能體驗到育種時挑選品種的樂趣。

開始對於育種產生興趣後，腦中便浮出各種點子。朱槿（扶桑花）和木槿的交配、四季秋海棠和秋海棠、香蕉和芭蕉的雜種等，有許多育種都是為了提高耐寒性。某位知名的育種家曾說過：「提高朱槿的耐寒性這個想法，是帶領我進入這個世界的契機」。世界各地似乎有許多人都擁有如此想法，其實我也是其中之一。

朱槿和木槿有許多原因而無法順利交配，至今仍未出現成功的發表。就是因為這樣才更有意義，「好，我一定要成為世界第一個成功交配的育種家」而充滿了幹勁。

實生、扦插、嫁接、壓條、分株等，植物的繁殖方法種類非常多，你是為了什麼而繁殖植物呢？想讓喜歡的花朵開出原本的美麗樣貌，讓喜愛的水果結出美味的果實，多繁殖一些分送給同樣喜歡這些植物的朋友等，想必有各種理由。育種也是其中之一。如果對於開出美麗的花朵，結出美味果實已經心滿意足時，不妨更進一步，踏入創造植物的世界吧。「極致的園藝」就在那裡等著你。

目錄

第1章 園藝植物繁殖方法的基本技巧

第2章 落葉樹的繁殖方法

繡球花

第 3 章 常綠樹的繁殖方法

梔子花

章尾專欄 「育種之父」盧瑟・伯班克（Luther Burbank）的豐功偉業❷ 142

第 4 章 果樹的繁殖方法

梅樹

章尾專欄 在家中庭院享受栽培果樹的樂趣 170

第5章 觀葉植物・盆花的繁殖方法

朱槿

第6章 山野草・香草類的繁殖方法

桔梗

繁殖方法月曆 每種植物適合的繁殖方法及時期一目了然。

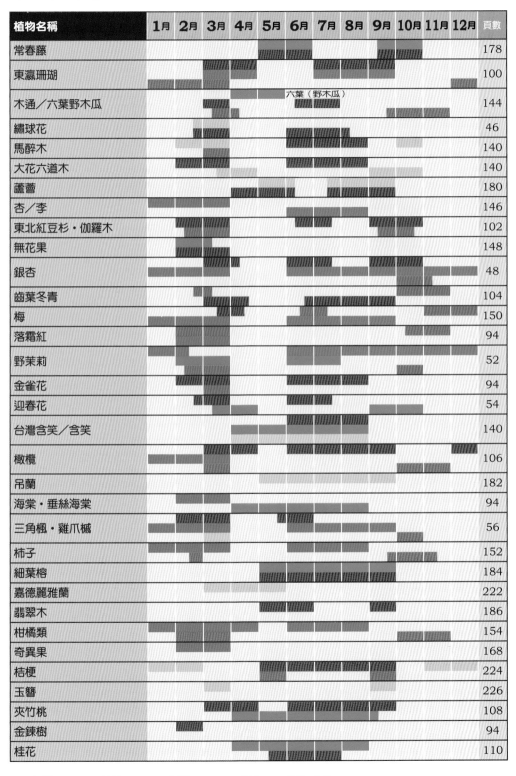

植物名稱	1月	2月	3月	4月	5月	6月	7月	8月	9月	10月	11月	12月	頁數
常春藤													178
東瀛珊瑚													100
木通／六葉野木瓜					六葉（野木瓜）								144
繡球花													46
馬醉木													140
大花六道木													140
蘆薈													180
杏／李													146
東北紅豆杉・伽羅木													102
無花果													148
銀杏													48
齒葉冬青													104
梅													150
落霜紅													94
野茉莉													52
金雀花													94
迎春花													54
台灣含笑／含笑													140
橄欖													106
吊蘭													182
海棠・垂絲海棠													94
三角楓・雞爪槭													56
柿子													152
細葉榕													184
嘉德麗雅蘭													222
翡翠木													186
柑橘類													154
奇異果													168
桔梗													224
玉簪													226
夾竹桃													108
金鍊樹													94
桂花													110

■ 扦插　■ 嫁接　■ 壓條　■ 實生　■ 分株

7

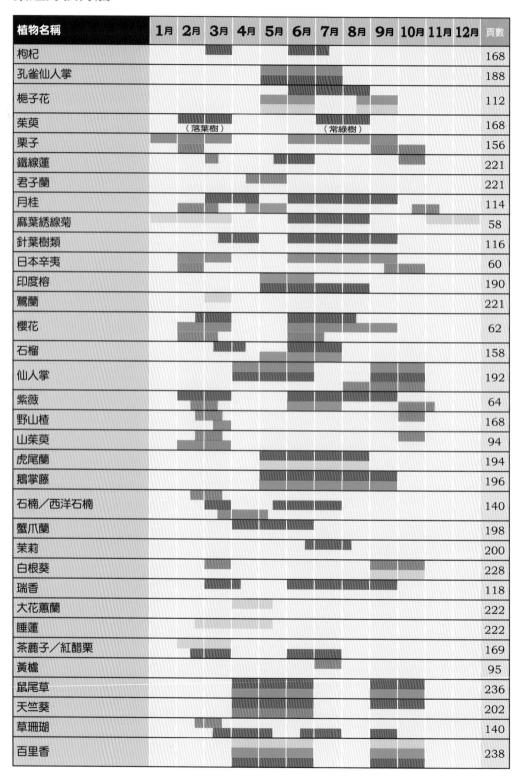

植物名稱	1月	2月	3月	4月	5月	6月	7月	8月	9月	10月	11月	12月	頁數
枸杞													168
孔雀仙人掌													188
梔子花													112
茱萸 （落葉樹）（常綠樹）													168
栗子													156
鐵線蓮													221
君子蘭													221
月桂													114
麻葉繡線菊													58
針葉樹類													116
日本辛夷													60
印度榕													190
鷺蘭													221
櫻花													62
石榴													158
仙人掌													192
紫薇													64
野山楂													168
山茱萸													94
虎尾蘭													194
鵝掌藤													196
石楠／西洋石楠													140
蟹爪蘭													198
茉莉													200
白根葵													228
瑞香													118
大花蕙蘭													222
睡蓮													222
茶藨子／紅醋栗													169
黃櫨													95
鼠尾草													236
天竺葵													202
草珊瑚													140
百里香													238

　扦插　　嫁接　　壓條　　實生　　分株

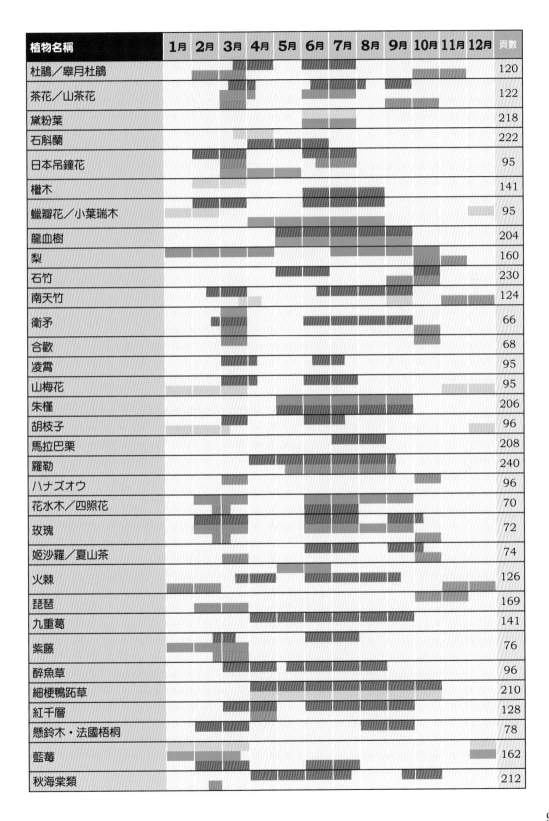

植物名稱	1月	2月	3月	4月	5月	6月	7月	8月	9月	10月	11月	12月	頁數
杜鵑／皋月杜鵑													120
茶花／山茶花													122
黛粉葉													218
石斛蘭													222
日本吊鐘花													95
欅木													141
蠟瓣花／小葉瑞木													95
龍血樹													204
梨													160
石竹													230
南天竹													124
衛矛													66
合歡													68
凌霄													95
山梅花													95
朱槿													206
胡枝子													96
馬拉巴栗													208
羅勒													240
ハナズオウ													96
花水木／四照花													70
玫瑰													72
姬沙羅／夏山茶													74
火棘													126
琵琶													169
九重葛													141
紫藤													76
醉魚草													96
細梗鴨跖草													210
紅千層													128
懸鈴木・法國梧桐													78
藍莓													162
秋海棠類													212

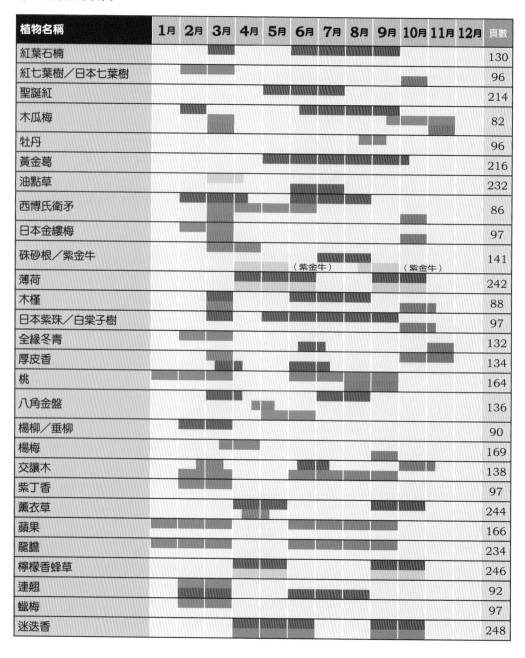

植物名稱	1月	2月	3月	4月	5月	6月	7月	8月	9月	10月	11月	12月	頁數
紅葉石楠													130
紅七葉樹／日本七葉樹													96
聖誕紅													214
木瓜梅													82
牡丹													96
黃金葛													216
油點草													232
西博氏衛矛													86
日本金縷梅													97
硃砂根／紫金牛							（紫金牛）			（紫金牛）			141
薄荷													242
木槿													88
日本紫珠／白棠子樹													97
全緣冬青													132
厚皮香													134
桃													164
八角金盤													136
楊柳／垂柳													90
楊梅													169
交讓木													138
紫丁香													97
薰衣草													244
蘋果													166
龍膽													234
檸檬香蜂草													246
連翹													92
蠟梅													97
迷迭香													248

扦插　　嫁接　　壓條　　實生　　分株

第1章

園藝植物繁殖方法的基本技巧

園藝植物有這些繁殖方法

繁殖方法可大致區分為有性繁殖和無性繁殖

植物的繁殖方法可分成由種子繁殖的「實生繁殖＝有性繁殖」，以及藉由部分莖、枝條、葉片等營養器官來繁殖的「營養繁殖＝無性繁殖」這兩種。

自生於山野中的植物，雖然會藉由地下莖或是匍匐莖自然進行營養繁殖，不過仍以實生繁殖居多。相較之下，以人為方式繁殖植物時，除了實生繁殖之外也會應用營養繁殖。尤其在繁殖園藝植物的時候，會大量應用營養繁殖。

營養繁殖有扦插、嫁接、壓條、分株等方法。以下簡單說明每種方法的特徵。

扦插繁殖

取下葉片、枝條、根或莖等植物的一部份，扦插於土壤或水中使其發根的繁殖方法。扦插作業只要將植物切下扦插即可，非常簡單，誰都能輕鬆實施。另外，由於只要一部份枝條即可，所以通常會大量繁殖和親本具有相同特性的苗木。

嫁接繁殖

將想要繁殖的植物芽或枝條取下，接合在帶有根部的砧木（砧木）上，製作出全新植物個體的方法，在營養繁殖中應用的頻繁度僅次於嫁接。

在嫁接繁殖中，接合接穗及砧木的技術及管理等看似困難，使許多業餘人士敬而遠之。

不過最近市面上也出現了嫁接專用的「石蠟膜帶」，只要掌握訣竅就非如此困難。想必會成為往後更加普遍的方法。

扦插 扦插的優點是能一次大量繁殖和親本特性相同的苗木。使用育苗箱等繁殖各式種類的植物也很有趣。

嫁接 過去的嫁接技術較為困難，管理也需要相當的心力，因此讓人敬而遠之，不過若利用「石蠟膜帶」，不論是誰都能簡單進行

壓條繁殖

將想要繁殖的一部份親本樹幹或枝條劃出傷口，使根部從傷口長出，再從親本切下製作出新植株的方法。扦插是從親本切下後再使其發根，而壓條則是發根後再從親本切離的方法。在原理上，壓條和扦插的差異並不大。

壓條　從一部份親本發根成新個體的壓條法，是誰都能操作而且不容易失敗的繁殖方法

分株繁殖

將株立狀（由根際長出許多枝條或莖部的狀態）所長出的個體分割，繁殖成新的個體。由於分割前就已經發根，所以分割後的生長也很順利。只是將植株的根部分離即可，所以是作業簡單且不太會失敗的繁殖法。栽種於盆栽中生長太大的植株，也可以藉由分株來恢復生長勢。

分株　分株繁殖是將根部長出的植株分割，增加新的植株，也是最簡單的繁殖方法

實生繁殖

播種加以繁殖的方法稱為「實生」。是從種子發芽生長而來，和扦插等營養繁殖不同。以人為方式進行自然界會自然發生的繁殖方法，可一次獲得大量的苗。

另外，園藝植物大多是由複雜的雜交繁殖而來，所以無法直接複製親本的特性，出現不同特性的後代也是此方法的樂趣之一。

※在園藝植物當中，固定種（綠葉品種的交讓木、八角金盤等）不論經過幾次實生繁殖，仍具有和親本幾乎相同的性質，而雜交種（薔薇、山茶花、茶花、花水木、四照花及大多數果樹類）則難以將親本的性質延續至後代。

實生　雜交種的實生繁殖會出現各式各樣性質的苗株，所以非常有趣

栽培繁殖苗的介質和施肥的基本

能讓植物生長良好的庭園土壤

適合由繁殖而來的苗株生長的庭園土壤，除了要含有充分的水分及空氣外，也要具備良好的排水性，讓根系能充分生長。因為根系不僅要吸收水分及養分，同時也會進行呼吸。土壤是否適合可根據以下依據來判斷：

❶ 就算下雨也不會積水
❷ 表層土壤乾燥至呈現黃白色時，一旦澆水便會立刻吸收
❸ 就算持續晴天，表層土壤也不會龜裂

若庭園的土壤排水差，可混入蛭石、珍珠石等土壤改良材料，以及堆肥、腐葉土、泥炭土等有機質（腐殖質）充分耕耘攪拌。不過，腐殖質雖然經過發酵處理，但仍多少會繼續發酵而產生氣體，成為病蟲害發生的原因。整土耕耘應在定植前2週左右進行。

盆栽培育的介質

和庭園土壤一樣，優良的保水性、透氣性及排水性為基本條件。不過，盆栽栽培的用土量較少，所以根系生長範圍也受到限制。另外，也必須考量到生長環境。每次澆水時盆栽中的保水性都會有所不同，所以需要根據栽培者的生活方式調配適合的介質。各種介質（用土）的特性請參閱252頁的「介質」。

為什麼需要施肥

植物只要有土壤、水和陽光，就能透過光合作用及土壤中的養分生長。在山野中生長的植物，由於落葉及動物殘骸會分解成養分，所以就算不施肥也能生長。

然而，對於在庭園這種有限的空間生長的植物而言，較難以由大自然獲得養分，所以需要進行人為施肥。

基肥和追肥

在定植前所施用的肥料稱為基肥。在整個生長期當中，尤其能促進從春天開始的生長，因此建議施用能長期間發揮效果的緩效性有機肥料（含有多量氮及磷肥的油粕或雞糞等）或是混合肥料。有些不太喜愛肥料的植物，甚至只要基肥就能充分生長。

之後再根據植物生長狀況施用肥料即可。

肥料的3要素

植物生長需要氮、磷、鉀、鈣、鎂等10種以上的養分。

其中氮、磷、鉀的需求量較多，所以也被稱為肥料的3要素，是不可或缺的養分。

肥料的種類舉例

在油粕中混合骨粉等
物質的有機肥

當作基肥使用的緩效性
化學合成肥料

在生長期當作
置肥使用的化學
合成肥料

■ 氮（N）

又有「葉肥」之稱。能合成植物生長不可或
缺的蛋白質及葉綠素，長出翠綠的枝葉。不
過，若氮肥太多會無法長出花芽，只會不斷長
出莖葉，或是植株變得軟弱，對於病蟲害的抵
抗力也會變差。

■ 磷（P）

又稱為「花肥」、「果肥」。能讓花色變得
美麗，提升果實的色澤及風味。若缺乏會造成
生長衰弱，開花或是結果的狀況變差。由於吸
收力有限，因此和氮不同之處在於就算施放過
量也幾乎不會造成生長障礙。

■ 鉀（K）

又有「根肥」之稱。能促進根部生長，培育
出苗壯、耐熱耐寒的強健植株。雖然和磷一樣
吸收力有限，不過若含量太多會阻礙磷的吸
收。

使用於追肥、禮肥的速效性液肥

耐寒的體力，儲備春天長新芽的活力，應於
1～2月左右施放「寒肥」，並且以氮肥為
主。長出新梢的4～5月以及枝葉茂盛的8～9
月之前所施用的追肥應增加磷、鉀的含量。開
花結果後，為疲累的植物補充養分的則稱為
「禮肥」。可根據生長過程施放。

　肥量施放過量會造成枝葉生長過度，或是對
於病蟲害的抵抗力下降。此外，若肥料不足則
是會造成生長不良或是無法開花。肥料的重點
在於適時適量的施放。

 施肥的原則為適時適量

追肥應根據植物的生長時機施放。若要補充

扦插是這樣進行的

扦插的優點

❶扦插的優點首先就是能簡單繁殖。只要將植物體的一部份切下插入介質中即可,不需要專業技術,誰都能輕鬆實行。

❷屬於使用莖部、枝條、葉片等一部份親本的無性繁殖,所以能繁殖出和親本相同性質的植株。

❸扦插時只要一部份莖或枝條即可,所以能一次繁殖大量的苗。

❹和實生苗相較之下,開花和結果都比較早。只要扦插已經會開花的枝條,甚至在隔年開始就能開花。

❺重瓣品種等無法結種子的園藝品種也能繁殖。

有些種類只要將葉片插入土中就能繁殖

扦插的方法

　　扦插時所採取的一部份植物體稱為「插穗」。扦插的方法可根據插穗取得部位分成好幾種類。

葉插　採取葉片扦插的方法。其中可區分為整片葉片的全葉扦插、帶有葉柄扦插的葉柄扦插,以及將一片葉子切成好幾片扦插的局部葉片扦插等。

葉芽插　將整片葉片、葉片基部的芽及附帶的短莖當作插穗扦插。

枝插、莖插　就如同其名,將枝條或莖部當作插穗使用。應用於草花時也稱為「扦插芽」。就算是同一根枝條,使用前端的稱為頂芽插、天插,而使用稍微下方的中間部分則是稱為中段扦插(管插)。

根插　採取一部份根或根莖當作插穗的方法,因此在日本也稱為根伏。

簡單而且一次就能繁殖多量的苗

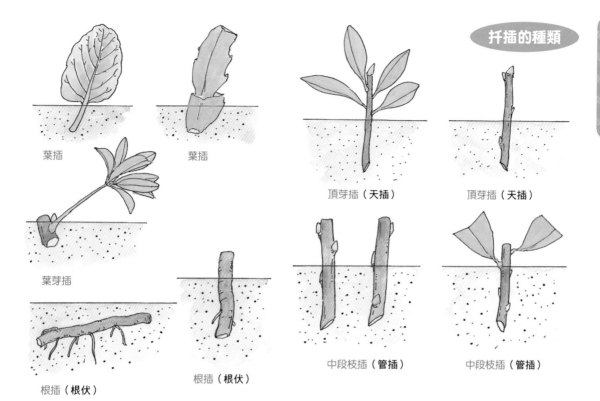

扦插的種類

葉插

葉插

葉芽插

根插（根伏）

根插（根伏）

頂芽插（天插）

頂芽插（天插）

中段枝插（管插）

中段枝插（管插）

 插穗應該要如何選擇？

　　扦插時所採取的莖部或枝條等，會從完全沒有根的部分發根，長出新芽生長成新的個體。也就是另一個「再生」。因此扦插成功與否的重點，在於選擇再生能力、發根能力較佳的插穗。

　　如果插穗內部的澱粉、糖分等營養物質累積愈多，則愈容易發根。所以插穗應選擇位於日照良好處、飽滿生長的枝條。

　　就算是同一根枝條，如果是新梢的話建議使用前端部位，休眠枝條則建議去除前端和基部，使用中間部位。另外，一般而言比起老樹，從年輕樹木採取的插穗較容易發根。

插穗的挑選方法

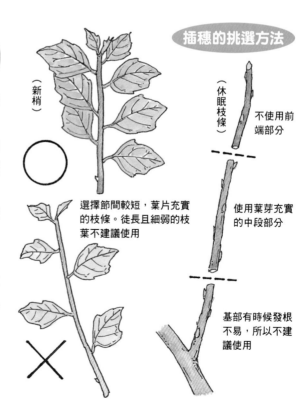

（新梢）

選擇節間較短，葉片充實的枝條。徒長且細弱的枝葉不建議使用

（休眠枝條）

不使用前端部分

使用葉芽充實的中段部分

基部有時候發根不易，所以不建議使用

17

該如何準備扦插用的苗床？

若想要成功扦插，除了插穗本身的發根能力之外，提供容易發根的扦插苗床也很重要。因為插穗只能從下側的切口吸收水分。

介質（用土）應選擇透氣性、排水性、保水性佳，沒有雜菌的乾淨介質。一般而言會使用保水性佳的赤玉土、透氣性及排水性佳的鹿沼土等。除此之外，也會使用混合了透氣性及排水性佳的川砂、保水性及透氣性佳的蛭石、珍珠石的混合介質。

容器沒有特別限制。園藝店等市面上有各式各樣的育苗箱，可根據扦插的量等依照自己的用途，選擇排水性好的產品。當然也可以使用方形的盆器，或是活用保麗龍盒等等。這時候應使用確實消毒後的乾淨容器。

監修者矢端先生都是將泥炭土、蛭石、鹿沼土、珍珠石以相同比例混合使用。這種介質任何植物都能使用，發根率也非常好。

❶於育苗箱中放入事先混合好的介質。介質可使用鹿沼土等相同比例的混合介質

❷育苗箱放入約8分滿的介質後，用手掌將表面推平

❸介質表面平坦後，從上方澆水，讓整個介質吸飽水分

扦插苗床使用的混合介質（參閱252頁）

鹿沼土 櫪木縣鹿沼地區採集的弱酸性輕土。多孔隙質地，具有良好的保水性和透氣性。乾燥後會呈現黃白色。

蛭石 將蛭石礦物以高溫處理而來的無菌人工介質。質地非常輕，具有良好的保水性、排水性及透氣性。

珍珠石 將天然石灰岩高溫處理而來的顆粒狀人工介質。質地非常輕，具有良好的保水性、排水性及透氣性。

泥炭土 由濕地植物堆積、分解而來的土壤。呈現酸性，無菌。具有良好的保水性、排水性及透氣性。

❹在混合介質當中，每種介質所擁有的排水性、保水性及透氣性能發揮出相輔相成的效果

適合扦插的時期是？

扦插的適期為插穗的營養狀態、氣溫、濕度等條件都達到良好的時期。而同時具備這些條件的時期多為以下所示。

落葉闊葉樹　於2～3月扦插前一年枝條的春季扦插，或是在6～9月初前扦插新梢的梅雨季扦插、夏季扦插。

常綠闊葉樹　於3月中旬～4月上旬扦插枝葉飽滿、前一年枝條的春季扦插，或是當新梢變得苗壯時的6～7月進行梅雨扦插，以及9月的秋季扦插。

常綠針葉樹　於4～5月上旬，將長出新梢前的前一年枝條進行扦插的春季扦插，或是在7～9月扦插新梢的梅雨扦插、夏季扦插。

扦插後的管理方法

扦插後應充分澆水，並且放置在明亮的遮陽處。澆水只要澆到避免插穗枯萎的程度即可。扦插苗床如果過於濕潤，會因為氧氣不足而無法進行呼吸，引起發根障礙。

雖然也會根據植物的種類而異，不過大多都會在10天～1個月內發根。參考依據為開始冒出新芽的時期。發根後可逐漸移動至日照良好的位置管理。

當插穗發根後就是完整的苗木了，因此可進行移植。不過，移植時期若遇到炎夏或是嚴寒時期，容易造成枯萎或生長不良，建議在隔年春天的2～3月進行移植。

於長型盆器的四個角落立起U字形鐵絲的扦插苗床。可簡單達到遮陽及防寒效果，非常方便

首先來試著扦插吧

雖然說明了春季扦插、梅雨季扦插的適期，不過這頂多只是一般通則。家庭園藝並不需要如此執著於適期。若取得插穗的話，首先試著實踐看看吧。雖然發根率有高有低，但是只要插穗苗壯飽滿，其實長期間都能進行扦插。

另外，扦插苗床也只要稍微下點工夫，就能輕鬆打造出遮陽及防寒的環境。

在自然條件下，春天的氣溫較不穩定，而晚秋則容易遇到寒流，所以高溫多濕的梅雨季其實是最適合扦插的時期。不過，最近天候不定的年份較多，甚至也有因為空梅而炎熱難熬的年份。

我所使用的扦插苗床如同上圖所示，是在長型盆器的四角立起U形鐵絲而成，只要在鐵絲上覆蓋防寒紗或是塑膠布，就能簡單遮陽或防寒。移動至室內並且套上塑膠袋，就算在冬天也能進行觀葉植物的扦插。

家庭園藝頂多是興趣，所以希望各位能用「發根就是賺到了」的心情，以自己的方式進行扦插，體會植物繁殖的樂趣。

如何採取插穗（衛矛）

❶可將修剪下來的枝條利用成接穗

❷保留上側的3～5片葉，將下側葉片剔除

❸若保留的葉片較大片的話，可剪成一半

準備扦插苗床及後續管理

❶準備扦插苗床（參閱18頁）

❷將修剪好的插穗立刻泡水避免乾燥，使其充分吸收水分

❺若在日照強烈的時期進行扦插時，應覆蓋防寒紗等進行遮光

❻覆蓋防寒紗的狀態。前方為溫室內的仙人掌類扦插苗床

❹接穗應使用葉片茂密的部分。分割成15～20cm的長度

❺將基部用銳利的刀片等如圖斜切

❻約1個月可發根

❸將插穗插深一點，從枝條（莖部）蒸發的水分較少。若插穗帶葉片，以葉片會互相碰觸到的程度，不帶葉片時以2～3cm的間隔扦插

❹若使用育苗箱，就能一次繁殖大量的扦插苗。接著在架成隧道狀的支架上覆蓋塑膠布，就能打造出簡單的溫室管理扦插苗床

❼若要一次扦插多種植物時，將特性相似的種類集中在同一個苗床，管理起來較輕鬆（照片為接骨木，為五福花科的落葉灌木。是有名的藥材）

斑紋接骨木
（扦插2個月後）

21

嫁接
是這樣進行的

嫁接的優點

　　嫁接是將其他其他植物的枝條或芽等（稱為接穗）接在帶根的砧木上，使兩者癒合，創造出新的植物個體的方法。此繁殖法的優點如下。

❶和扦插一樣，能繁殖出和親本相同性質的植株。

❷可透過砧木的力量促進生長，提早開花和結果。這也是在花木及果樹繁殖中非常有利的特點。

❸就算特性較衰弱、生長不良的種類，只要和特性較茁壯的砧木嫁接，就能促進生長，提升活力。

❹就算用扦插難以發根的植物，也能透過嫁接繁殖。

❺可藉由接合於矮性品種的砧木來抑制樹高生長。

❻藉由接合矮性品種的接穗，小巧的樹木也能享受到開花或結果實的樂趣。

就地嫁接

異地嫁接

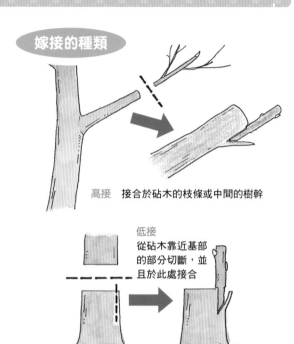

嫁接的種類

高接　接合於砧木的枝條或中間的樹幹

低接
從砧木靠近基部的部分切斷，並且於此處接合

嫁接的方法

　　嫁接根據作業方式及接合位置區分成好幾種方法。

■ 依照砧木處理方式區分

就地嫁接　不將砧木挖起，於栽培的場所進行嫁接的方法。

異地嫁接　將砧木挖起進行嫁接，嫁接後再定植的方法。

■ 依照嫁接位置區分

高接　於枝條或樹幹途中嫁接的方法。通常運用於優質品種的更新。

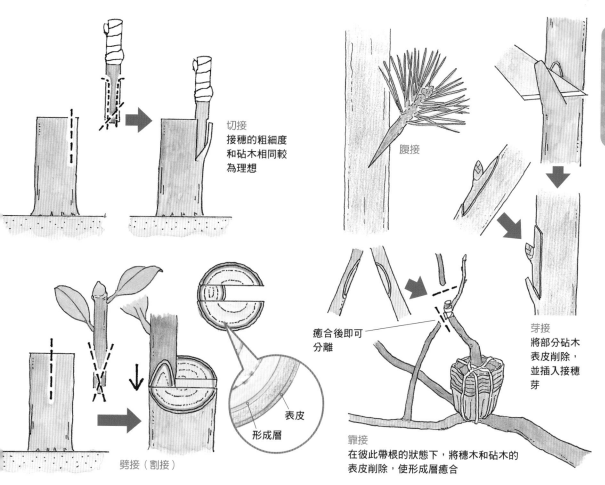

切接
接穗的粗細度和砧木相同較為理想

腹接

癒合後即可分離

表皮

形成層

劈接（割接）

芽接
將部分砧木表皮削除，並插入接穗芽

靠接
在彼此帶根的狀態下，將穗木和砧木的表皮削除，使形成層癒合

低接　將砧木於基部切斷，並於切斷部位嫁接的方式，在日本也稱為並接。

■ 依照接合方式區分

切接　將砧木縱向割開插入接穗，對齊形成層使其癒合的方法。也是嫁接法當中最為廣泛運用的方法。

劈接（割接）　將砧木的中心部分垂直切開，再把基部削成楔形的接穗插入，對準形成層使其癒合。不過這種方式形成層較難以彼此貼合，所以不建議家庭園藝使用。

腹接　接合於砧木的側面，於砧木表皮削除的位置插入接穗，對準形成層使其癒合。像是在沒有枝條的位置增加枝條等等，是經常用來調整樹形的方法。

芽接　由接穗木削取1個飽滿的芽，並將芽插在砧木表皮削去的位置，對齊形成層使其癒合。只要有1個芽即可，應用於可使用的芽數較少的時候。

新梢接（綠枝條接）　接穗和砧木都使用新梢的方法。由於兩者皆為生長旺盛的新梢，所以存活率較高。

枝接　將休眠枝條當作接穗。使用枝條的中段部分。作業以切接為主，為嫁接繁殖當中最典型的方法。

靠接（呼接）　將帶根的接穗和砧木表皮削除，對準形成層使其癒合。是將不想使其枯萎的植物當作接穗時的嫁接手法。

成功的重點在於增加形成層的貼合部分

嫁接是讓接穗和砧木癒合，打造出營養和水分能互相運輸，如同一個植物個體繼續生長的繁殖方法。當植物體細胞分裂，並且在彼此的形成層貼合的狀態下就會開始癒合。因此形成層貼合的部分愈多，就愈容易癒合。

所以將接穗和砧木接合的部分削去兩面，盡量增加形成層的表面積。

接穗應從符合繁殖目的之親本當中來選擇。年輕的枝條細胞分裂旺盛，所以也比較容易癒合。應從日照充足、飽滿茂密的第一年枝條採取接穗。

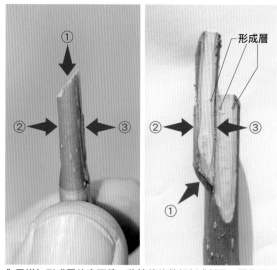

為了增加形成層的表面積，將接穗的基部削成斜面，再將兩面的表皮削去。在這三面當中，雖然③的存活與否最重要，不過①和②若存活的話能更加鞏固存活率

於田間一角栽培各式各樣的實生苗。水果的種子通常都是「吃完後播種」，栽培成砧木用的苗木

該如何選擇砧木？

和穗木一樣，砧木也應根據繁殖目的來選擇。在砧木和穗木之間，需具有容易結合的性質「親和性」。親緣關係愈是接者其親和性則愈佳，愈遠則親和性愈差。基本上會和穗木使用相同種類的「同種（或是品種）砧木」，就算是種類不同，也會盡量使用相近的種類。不過，根據植物種類不同，有些親緣關係較遠的植物嫁接後也能存活。

大多數的砧木都是使用實生苗，或是用扦插繁殖而來的1～3年生、直徑1～2cm左右的苗木。

若想要繁殖適合家庭園藝的矮性品種時，砧木也可以使用矮性苗木。不過市面上幾乎沒有販售矮性品種的砧木，所以可以自己用扦插或是實生來栽培。

藉由石蠟膜帶 讓新梢嫁接變得更輕鬆

過去的嫁接方法需要相當的技術和繁複程序，因此通常會讓家庭園藝的栽培者敬而遠之。

尤其是新梢嫁接法，在嫁接後通常會套上塑膠袋以避免乾燥，接著再套上一層紙袋避免塑膠袋內溫度過高，存活後從接穗長出新芽時，便可將塑膠袋打洞，孔洞會隨著生長而逐漸變大，當新芽適應外界的空氣時再將塑膠袋取下，並且將膠帶拆掉以避免接穗開始變粗時過於緊繃等，作業程序極為繁雜。

然而，石蠟膜帶的出現一舉消除了這些繁複的程序，讓嫁接作業變得更加輕鬆簡單。

石蠟膜帶具有互相密合的性質。同時也能緊密貼合接穗，只要確實包覆就能夠保護接穗避免乾燥，不需要再套塑膠袋。除此之外，纏繞後不需要綁結，膜帶在半年後就會因為風化而開始解離，所以不用擔心嫁接部分被勒緊。

監修者矢端先生開始用石蠟膜帶的契機，是因為看到了一篇有關「柑橘嫁接使用石蠟膜帶的有效性」的研究報導。於是立刻將石蠟膜帶嘗試運用在常綠樹、落葉樹的嫁接，結果也非常成功。矢端先生認為既然市面上出現了如此方便的嫁接膜帶，希望嫁接繁殖也能在家庭園藝中變得更加普及。

セルパラテープ

石蠟膜帶具有延伸的同時緊密附著的特性，只要利用這種膜帶，就不再需要為了乾燥而套塑膠袋等繁複的作業。園藝店等都會以嫁接用的膜帶商品來販售。如果店內沒有販售時，可用左邊商品的名稱「New Medel」請店家進貨。

裁剪石蠟膜帶時的訣竅

石蠟膜帶商品有30mm及25mm兩種寬度類型，若直接用的話會因為太寬而不易使用。若想將膜帶延伸至細長狀態，有可能會因為拉太緊而折斷較細的枝條。因此建議切割成一半的寬度，也就是15～12.5mm使用。少量使用時，可將膜帶放在桌上，用美工刀直接切成一半的寬度，不過大量使用時，可以抽出來一長段並捲起，再一起切成一半即可。將膜帶切斷後，可利用膜帶的特性，用老虎鉗等輕輕按壓一下捲成捲帶狀的膜帶，就不容易散開，方便之後的作業進行。

❶將膜帶抽出來一長段並捲起來

❷將捲起的膜帶切成一半的寬度

❸用老虎鉗等輕輕按壓，膜帶就不容易散開，方便之後的作業進行

纏繞石蠟膜帶的重點

像是柿子樹等芽點明顯的植物，在纏繞膜帶時會避開芽點，不過像蘋果這種枝條和新芽的境界不明顯時，只要纏繞一圈膜帶就好。因為新芽畢竟沒有衝破多層膜帶的力量，但是如果只有一層的話就能夠衝破膜帶長新芽。兩種類型都必須要纏繞傷口以避免乾燥。

❶對準形成層後纏繞。將新芽削長一點所以方便手拿。

❷延伸膜帶的同時往上纏繞

❸務必要纏繞切口以防止乾燥

❹纏繞完成。冒芽後不需要將上方割開

❺枝條和芽點的界線不明顯時，可連同芽點一起纏繞一圈

在同一個砧木上嫁接2種不同花期桃花的實際案例

適合嫁接的時期

春天進行枝接、秋天進行芽接、夏天進行新梢接，雖然每種方式都有適合的時期，不過這頂多只是嫁接的基本原則。當年的氣象條件、接穗或砧木的生長狀態及栽培環境都會有所不同。

春天的枝接是由冬季期間冷藏保存的休眠枝條採取而來，也是最為普遍的嫁接方法。砧木開始吸收水分的時期，就是嫁接的適期，再加上這個時機點的接穗還沒有長新芽，會比較容易存活，是春天枝接的理論。

不過，實際上植物在冬季也會吸收水分。像是就算在國曆新年進行嫁接，存活率也相當高。所以不將穗木進行低溫保存，於早春採取接穗直接嫁接也無所謂。嫁接方式也不需要執著於切接，可以用芽接方式進行。

在夏季新梢接使用石蠟膜帶的優點，在於植物處於生長期間，所以很快就能知道嫁接成功與否。快的話只要1週，慢的話也頂多只要2週就能知道結果。就算失敗的話，在當下重新嫁接就好。另外，不一定只能用切接，也可以運用從新梢採取的芽接。

雖然芽接適合在樹皮容易剝除、芽點也非常充實的8～9月進行，但是這個方法其實一整年都合適。

新方式的芽接技巧

過去芽接的缺點在於，當新芽存活、生長後，切除上部的時機點對於不習慣的人較難以掌握，而且要進行兩次作業。

因此在這裡為各位介紹新的芽接方法。

就是在進行芽接的階段，就將上部切除。雖然方法非常簡單，但是能讓操作變得更容易進行。另外，過去的方法是用刀片將表皮從砧木頂端往根側削除，但是新的方法則是從根側往頂端往上削去表皮。不需要往手持的方向下刀，所以在作業上也比較安全。

重點在於砧木和新芽的表皮要削長一點。除了可增加形成層的對齊長度外，也方便手扶著接穗芽，讓操作起來更容易。

有關進行嫁接的時機點，雖然如同前一頁提到有所謂的「適期」，不過在春夏秋冬無論何時，這種方式的存活率都很高。在取得想要嫁接的新芽時，就可以立刻試看看這種嫁接方式。

 ## 削取芽點時的注意點

若芽點部分明顯隆起時，削取時力道過輕，會只削到接近表皮的薄薄一層，而使芽點遭到截斷。雖然力道大小難以說明，但是應注意「芽點的厚度」，在削取時小心不要截斷芽點。

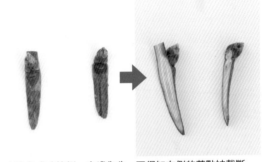

左邊為成功範例。右邊為失敗範例。試著翻過來看…　可得知右側的芽點被截斷

❶削取芽點

❷從根側往頂側往上削

❸於芽點的上方削斷

❹削出砧木的形成層

❺砧木和接穗都削成長條形

❻使砧木側長度偏長

嫁接的操作程序

操作嫁接的程序基本上每種樹種都一樣。在

這裡介紹使用桃樹新梢的切接，以及使用梨樹新梢的芽接。重點在於對齊並且使形成層密合。另外，在削除表皮時請使用銳利的刀片或美工刀。

切接

❶採取接穗　接穗應挑選葉片茂密的部分。剔除所有葉片，於芽點上切除枝條，再用石蠟膜帶捲起。不要纏繞到芽點部分。上側的切口也要一起纏繞包覆

   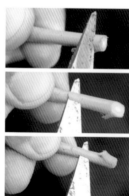 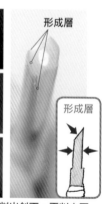

形成層

形成層

❷準備砧木　於嫁接位置切斷砧木。由下往上削出斜角，再用刀子沿著表皮劃出刀痕使形成層露出

❸削出形成層　將接穗基部削出斜面，再削去兩面露出三面形成層

❹對齊形成層使其密合　接穗只要有1～2個芽點即可。對準接穗和砧木的形成層使其密合，延伸石蠟膜帶纏繞的同時固定。為防止乾燥，砧木的切口也用膜帶纏繞。夏季大約2週左右即可長新芽，石蠟膜帶約6個月左右就會風化。※使用新梢等較細的枝條嫁接時，可將膜帶切割成15mm的寬度，操作起來較容易

芽接

選擇葉片茂密的枝條,將葉片全都剔除

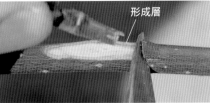

形成層

❶採取接穗　從芽點的上方2cm入刀,並於芽點的下方2cm將接穗削下

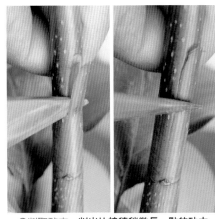

❷削取砧木　削出比接穗稍微長一點的砧木表皮,露出形成層,保留部分表皮其餘切斷

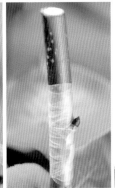

❸對齊形成層使其貼合　將接穗插入保留的表皮內,對齊形成層使其貼合。嫁接部分全部纏繞石蠟膜帶即可完成。嫁接位置應選擇節間較長的位置。保留接穗芽上側的枝條,是為了避免柔軟的新芽被風吹斷

嫁接還能享受到如此樂趣

只要運用嫁接的手法,還能打造出樹木圍籬(參閱80頁的法國梧桐),或是在同一棵樹上結出不同品種的果實(參閱154頁的柑橘類)。

學會嫁接的基本操作,試著挑戰這些不同的樂趣吧。

圍籬狀的法國梧桐。是運用嫁接手法打造而成

壓條
是這樣進行的

壓條的優缺點

壓條是將母樹的一部份枝條或樹幹劃出傷口，使其發根，並截取此部分栽培成全新個體的營養繁殖方式。此繁殖方法的優缺點如下。

❶是很簡單的繁殖方法。由於是讓生長中的帶根母樹一部份發根，再將其截取下來，所以幾乎不會失敗。只要在發根後截取枝條定植，因為枝條附著葉片，所以可成為能吸收水分和養分的植物個體。

❷有些就算扦插或嫁接繁殖困難的植物種類，也能藉由壓條簡單繁殖。

❸壓條後就能立刻當作成熟的樹木觀賞。扦插及嫁接主要使用較年輕的枝條，而壓條法就算在具有相當年數的樹幹部位，也能使其發根。只要在枝條伸展旺盛的位置進行壓條，就能立刻繁殖觀賞樹木。也能在短期間內欣賞到花朵和果實。

❹下側枝條稀疏造成樹形不美觀，或是生長過大的植物等，只要將植物體上半部進行壓條，除了能增加新的個體之外，也有助於調整母樹的樹形。

缺點是無法一次繁殖大量植物。壓條是取下母樹的一部份，打造出獨立的個體，因此沒辦法像扦插一樣從同一棵親本繁殖大量的個體。

壓條的方法

壓條的原理是在一部份樹皮劃出傷口，藉由阻斷葉片合成的碳水化合物使其發根。壓條根據處理位置可區分成以下幾種。

高空壓條法　於枝條之間剝去表皮，將此部分包覆沾濕的水苔，再用塑膠布纏起使其發根。剝皮方法又分成將枝條或樹幹的表皮剝去一整圈的環狀剝皮，以及不將整圈剝去，取間隔剝成舌狀的舌狀剝皮兩種。這兩種方法的重點都

壓條的種類

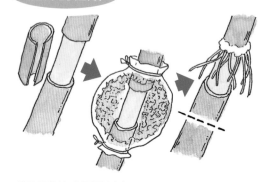

高空壓條法（環狀剝皮）

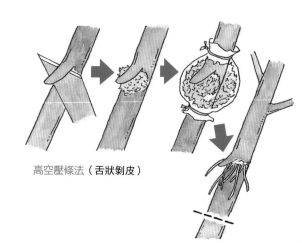

高空壓條法（舌狀剝皮）

在於要將表皮剝開，露出內側的木質部。剝皮的部分可用黑軟盆包覆，並且放入赤玉土以代替水苔。

普通壓條法（撓枝壓條法）　將年輕的枝條或是蘗枝誘導至土壤中，使其發根的方法。將壓條部分進行剝皮，或是用鐵絲等緊緊纏繞以阻斷養分。

堆土壓條法　將長成株立狀或是從樹幹長出的蘗枝，於根基部堆土使其發根，再將發根後的獨立苗木挖起。進行環狀剝皮或是用鐵絲緊繞，有促進發根的效果。

印度榕類（細葉榕、垂榕）、鵝掌藤等可用壓條法簡單繁殖

 ## 壓條後的管理方法

　為了避免水苔乾燥，在為母樹澆水的同時也要一起將壓條部分澆濕。如果透過塑膠袋看到壓條部分從水苔露出10根以上的根系時，就可以和切下和母樹分離。

　切下後應仔細將水苔清除，避免傷到根系。可先放入水桶浸泡於水中1～2小時，就能輕鬆取下水苔。接著定植於排水性及保水性良好的介質內，再用繩子等和盆器固定以避免風吹搖晃。給與充足的水分，放置於半日照處約1週，之後再慢慢移動至日照良好的位置。

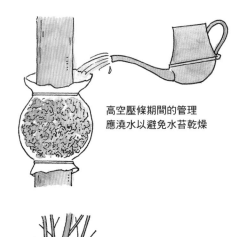

高空壓條期間的管理
應澆水以避免水苔乾燥

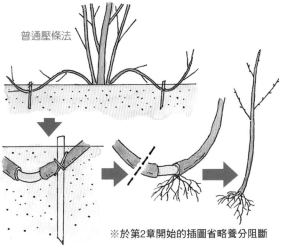

普通壓條法

※於第2章開始的插圖省略養分阻斷

堆土壓條法

壓條的操作程序

在這裡介紹印度榕的環狀剝皮高空壓條法，以及西博氏衛矛（真弓）的普通壓條法（右頁插圖）。有關堆土壓條法請參閱無花果（148頁）。

印度榕（斑葉）的高空壓條法

❶於欲使其發根的部分，劃出刀痕直到木質部的深度，進行2～3cm寬度的環狀剝皮

❷環剝後的狀態。可看見木質部

❸事先將水苔泡水浸濕，接著將水苔包覆露出的木質部

❹接著用塑膠布包覆水苔，避免乾燥

❺於塑膠布外側用繩子纏繞圈固定

❻纏繞完成後綁結固定。發根的狀態請參閱191頁

西博氏衛矛的普通壓條法（撓枝法）

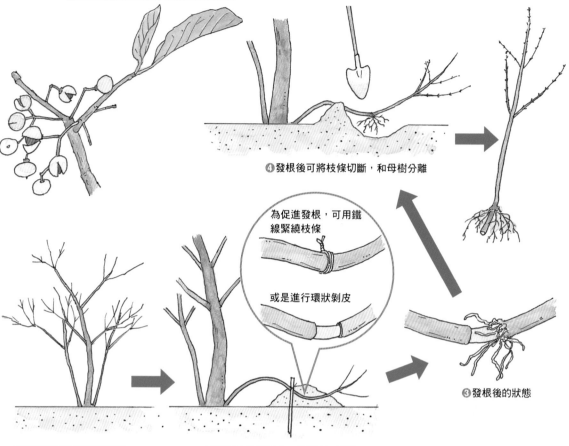

④發根後可將枝條切斷，和母樹分離

為促進發根，可用鐵線緊繞枝條

或是進行環狀剝皮

③發根後的狀態

①從植株基部長出的蘗枝

②將蘗枝往下彎曲，接著用Y形枝條、固定樁或是U形金屬絲等固定，接著堆土於上方

無花果的堆土壓條法

無花果會從根基部長出枝幹。因此若進行堆土壓條法就能讓衍伸的枝幹發根，再將發根的枝幹挖起定植即可

分株是這樣進行的

零失敗，最簡單的繁殖方法

從植株基部長出許多枝條的株立型樹木，或是從母株周圍長出許多子株的宿根草花等，可連同根部分割植株繁殖。此繁殖方法稱為分株。

分株為營養繁殖的一種，可繁殖相同特性的植株。在分株階段就已經長根，所以不用擔心會失敗。是誰都可以輕鬆操作，最簡單的繁殖法。

樹木的分株方法及適期

適合分株的時期會根據樹種多少有些差異，常綠樹建議在新芽生長前的3～4月或梅雨期，落葉樹則建議避開嚴寒時期，可以在落葉的11月至新芽生長前的3月這段期間進行。

植株較大棵時，可將周圍的土壤挖起一半的量，露出根系後，再用鏟子或鋸子將植株和母株切割分離。母株可直接將土埋回栽種。切斷後的植株則應栽種於其他場所。

植株較小棵時，可將整棵植株挖起來後盡量將土壤剝掉，再用手將植株分開或用剪刀剪開，同時避免傷害到根系。

分株時盡量不要將苗株分成太小株。若想分細一點的話，當然也可以將每根枝條分成一株，不過之後的生長時間就會比較長。

樹木的分株

植株較大棵時，可將周圍的土壤挖起一半，再用鏟子等將植株分離

植株較小時，可將整棵挖起，再用手或剪刀分成2～3株

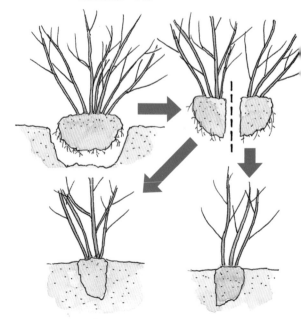

宿根草花的分株方法及適期

　　宿根草花等除了能藉由分株繁殖外，也能促進母株的生長。長期間生長於同一個位置，植株會不斷增生而變得太密集，使得中間無法照射到充足陽光，或是造成通風不良或悶熱。開花狀況也會變差。建議每3年一次進行分株。

　　一般而言分株的時期，於夏季至秋季開花的植物可在新芽剛冒出的3月左右進行，於隔年春天至初夏開花的植物則是建議在9～10月進行，讓植株能在寒冷時期來臨之前發展根系。

觀葉植物等的分株方法及適期

　　觀葉植物、洋蘭、盆花等除了能藉由分株來繁殖之外，還可以促進母株的生長。由於盆栽內的生長空間有限，所以經過2～3年後植株長大，根系便會佈滿整個盆栽內。根系過於茂密、互相纏繞的狀態會使透氣及排水性變差，使植株生長勢變弱。藉由分株能讓根系在盆栽中有空間伸展，促進生長的同時還能繁殖新的植株。

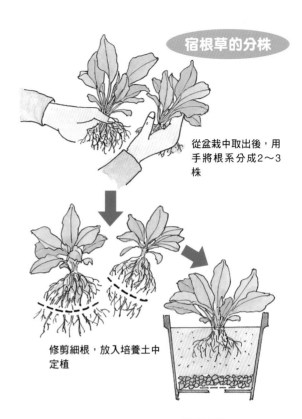

宿根草的分株

從盆栽中取出後，用手將根系分成2～3株

修剪細根，放入培養土中定植

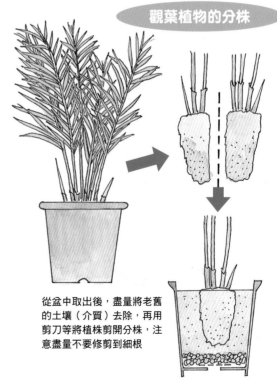

觀葉植物的分株

從盆中取出後，盡量將老舊的土壤（介質）去除，再用剪刀等將植株剪開分株，注意盡量不要修剪到細根

錦蝶（不死鳥）
多肉植物——長壽花的一種。葉緣會長出許多子芽。可將子芽取下，栽培於添加赤玉土或腐葉土的混合介質中。放置於日照良好、溫暖的位置，可開出類似長壽花的可愛花朵

實生（播種）是這樣進行的

實生繁殖的優點

一般所謂的實生，是指植物從種子冒芽生長。生長在山野中的植物幾乎都是由實生繁殖而來。在園藝的播種繁殖也叫做實生繁殖。此繁殖方法的優點如下。

❶ 首要優點就是能夠一次繁殖大量的苗。實生是在自然界中普遍發生的情形，所以不需要特別的技術，是誰都能簡單進行的繁殖方法。也最適合用來繁殖嫁接用的砧木。

❷ 實生是從發芽開始就在同一個環境生長，所以能栽培出適應當地的苗壯苗木。

❸ 在遺傳上較複雜，實生無法直接複製親本的特性。會出現各種性質的後代。這也是實生繁殖的魅力之一。仔細觀察並挑選具有特色的苗木也別有一番趣味。

種子的採取以及保存方法

通常種子都是等到成熟後再採種，不過有些完全成熟的種子會進入休眠狀態。在完全成熟之前採種較能提高發芽率。於秋天成熟的種子，在採取後立刻播種（稱為採播）是最貼近自然的方式，若冬天的管理較困難時，可以加以保存直到隔年春天再播種。

種子可大致區分為肉果種及乾果種兩種。由果肉包覆的肉果種，由於果肉及果皮含有發芽抑制物質，所以在採取後應將果實揉破，用水沖洗將果肉去除乾淨。接著放入小

種子的保存方法

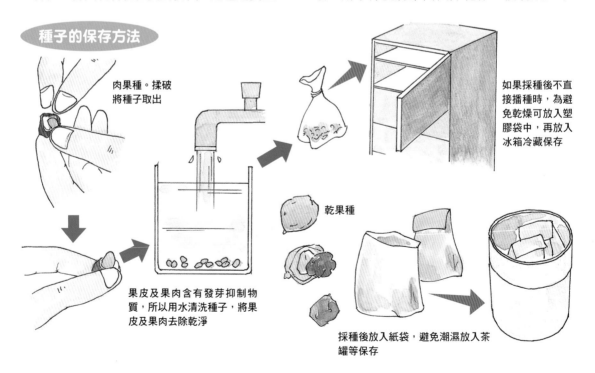

肉果種。揉破將種子取出

如果採種後不直接播種時，為避免乾燥可放入塑膠袋中，再放入冰箱冷藏保存

果皮及果肉含有發芽抑制物質，所以用水清洗種子，將果皮及果肉去除乾淨

乾果種

採種後放入紙袋，避免潮濕放入茶罐等保存

塑膠袋中以避免乾燥，再放入冷藏保存直到隔年春天的播種適期為止。

也可以直接放入廚房流理台用的塑膠濾網中，埋在庭院的角落。到了春天的播種適期，果肉已經在土壤中腐壞分解，所以只要用水洗過就可以直接播種。為了避免忘記，可將綁結露出土壤表面，並且立個牌子做記號。

乾果種的種子則是放入紙袋中避免浸濕，並放在陰涼處或是冷藏保存至隔年春天。

六葉野木瓜的種子屬於肉果種。種子並列於果肉當中

播種方法與適期

在自然界生長的植物，當種子成熟後便會掉落地面。接著當溫度、水、空氣這三項條件都達到適合發芽的狀態時，就會發根、發芽。因此於秋天成熟的種子在採種後立刻播種，是最合乎自然的方法。不過若冬天可能會遇到寒害或是凍害時，可避免種子乾燥加以保存，並於隔天的3月左右播種。

關於播種的苗床，種子量較多時可以在庭園一角將土堆起，直接播種於土壤，若種子較少或是在陽台栽培時，可以使用盆器或是塑膠製的育苗箱。

介質只要具有保水性而且乾淨即可，沒有特別侷限種類。

播種方式根據種子大小區分為散播、條播和點播等。

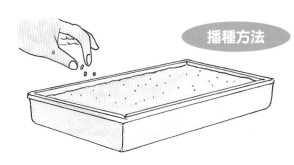

播種方法

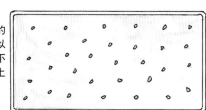

散播
適合播細小的種子。也可以將種子放在不要的明信片上播種

條播
挖出條狀的溝槽，於溝槽中播種。適合中型大小的種子

播種後的管理方法

播種後應管理於半日照處，並且注意介質不要乾燥。發芽後應漸漸移動至日照良好的位置，使其適應陽光。若為密植的狀態，應進行適當間拔。

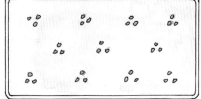

點播
較大的種子可以於每一處播3顆種子

雖然也會根據生長狀態而異，不過一般而言可在8月下旬～9月上旬施灑稀釋的液態肥料。

移植應於隔年春天，新芽長出之前進行。移植時可修剪直根，促進側根生長及根系發展。

而生長較快速或是緩慢的植物，其移植的時期也會有所不同，請參閱第2章之後針對各別植物的栽培方法。

交配培育出新品種

在不同種類的雌雄個體之間，以人為方式進行授粉稱為交配。由性質相異的個體以人工交配後產生種子，再將此種子播種繁殖，就能培育出全新性質的個體。交配通常是為了培育出性質比親本更加優秀的品種（請參閱40頁的「實生的樂趣」）。

仙人掌的交配

❶麗花球屬（Lobivia）的交配種。和其他的交配種進行交配，培育出不同變異的個體

播種方法

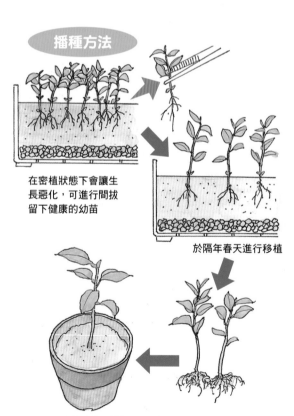

在密植狀態下會讓生長惡化，可進行間拔留下健康的幼苗

於隔年春天進行移植

直根太長的植株可修剪成適當長度後再移植

花朵的中心部放大照片。位於中央較粗的紅色物體為雌蕊，周圍帶有花粉的則是雄蕊。用來交配的花，通常會防止昆蟲授粉

❷用來交配的仙人球屬（Echinopsis）
交配種的花

❸用脫脂棉或面紙沾花粉

❹用沾了花粉的面紙接觸雌蕊

❺這次的親本在交配後雖然才不到幾
年，但是藉由嫁接提早開花

❻若順利授粉後，會以這樣的形狀結果
實（照片內為其他交配種的果實）

❼種子成熟的狀態和種子的放大照片。
三角形的牌子標示交配對象的名稱

❽播種後覆土，再用盤子裝水從底部吸水。透過玻璃照射陽光，在夏
季大多只要2週左右就會發芽

❾第一次移植完成的實生苗（也可參閱42頁）

實生的樂趣

由長年於農業高中指導、栽培後進，如今仍在群馬縣前橋市的農園持續培育新品種，也是本書的監修者矢端先生，告訴我們實生繁殖有哪些樂趣，以及深奧的魅力所在。

茶花

茶花

～他在庭院內栽種了好幾種類的茶花。每年盛開美麗的花朵，到了秋天結出纍纍果實，於是便試著將這些果實播種。4～5年後，在幾乎忘記了這件事的時候，庭院開出了別有其他種類的茶花。而且比其他的花朵都還美麗。「是新品種！」

於是他立刻將這件事和非常了解茶花的人說。那個人看到了花朵後說：「的確是很不錯的花呢。是世界上絕無僅有，只屬於你一個人的品種。不過，如果要受到新品種認可的話，必須要和其他許多品種比較才行」～

他在這之後開始認真查詢茶花圖鑑，於開花時期走訪各地的茶花園，向許多興趣達人學習茶花栽培的知識、技術。播下一棵種子，帶領他走進奧妙的茶花世界，走向成為育種家之路。這是一個成為育種家的故事。

日本原生的山茶花，是在江戶時代經由品種改良後，由各種優良品種交配而來。另外也會引進歐美品種，當作優良的親本來育種。

歐美有許多茶花（Camellia）協會，以主婦為中心的業餘育種家們，享受著興趣兼實用性的品種改良樂趣。

此外，從亞洲各地也引進了原生的茶花，使茶花的育種更加興盛。

玫瑰

是更常見的花朵之一。若栽培的玫瑰結了種子，不妨試著播種看看。只要在春天播種，到了秋天就能開花。一開始由於樹木尚未完全成熟，所以無法發揮出花朵原本的特性。繼續栽培2～3年後，植株就會逐漸生長成原有的姿態。這時候就可以和親本品種比較看看。培育出所有特性超越親本的品種並非易事。不過，就算沒有親本優秀，也許會出現親本所沒有的特性。試著找看看自己喜歡的特徵吧。因為這是屬於你自己的品種。

玫瑰花

在某間農業高中，其中一堂課包含了玫瑰的育種。在2年級的時候，會於花壇進行玫瑰的交配。挑選自己喜愛的花朵交配，同時期待隔年開出屬於自己的玫瑰花。期盼著早日長大開花，成為每天上學的樂趣。期待已久的玫瑰終於開花了，同學們得意展示著自己的花。不論是誰都認為自己的玫瑰花最漂亮。當開花到某個程度時帶回家，給家人們欣賞。「這是我培育出全世界獨一無二的玫瑰花，很漂亮對吧？」

我認為這是非常棒的教育。

菊花

這也是有關農業高中學生的故事。出生於長野縣菊花栽培農家的他，對於「家庭實踐※」這門課的作業非常煩惱。當他不經意看著庭院前的菊花農場時，發現了某株菊花結了種子。因此他便將家庭實踐計畫的題目訂為菊花的實生栽培。那時候他進行實生栽培的菊花苗當中，出現了具有前所未有的優良特性個體，並且命名為「天壽」。而天壽品種在那之後變成為黃色菊花的傑作，普及於日本各地。

菊花在日本是主要的切花，因此全國的農業試

験所及栽培農家都很積極投入育種，每年進行大量的實生栽培。當然也非常熱衷於培育出比天壽更加傑出的品種。然而，就算經過了30年，天壽仍然在黃色菊花中獨佔鰲頭。

他在進行實生栽培時，並不是為了培育出新品種。只是很剛好，或是說很偶然的出現優秀品種。這也是實生栽培的樂趣之一。

※譯註：

家庭實踐：home project。將學校學習的農業相關知識、技術應用於家庭的學習計畫。

白根葵（山芙蓉）

在群馬縣的上越國境山上，自生著一種叫做白根葵（山芙蓉）的植物。過去曾從認識的人那裡收到白根葵的植株，但是白根葵無法抵抗前橋市的夏季，經過數年後就枯萎了。「如果只是移植植株是不行的，要從種子開始培育才能活得久」只要擁有育種知識的人都會這樣說。只不過真正實踐的人卻很少，我也是那其中之一。

白根葵花

在海拔300公尺的某個村落內的朋友家中，看到他所栽種的白根葵非常有活力的繁殖，所以跟他拿了一些種子。因為我想說在海拔低一點的地方所採取的種子，會比較容易適應我家的環境。

於育苗箱中播種後過了3年，苗株生長苗壯而且變得茂盛，所以移植到庭院栽種，生長非常順利。接著又過了2年，許多植株紛紛開花了。雖然花朵的顏色沒有自生地那麼鮮豔，但是看到這些花活力生長也就心滿意足。

在同一年秋天，採了種子並且將其實生繁殖。雖然從發芽到開花又花了5年多的時間，不過這時候的白根葵植株，才真正可以說是於前橋市的我家庭院馴化而來。等待也可以說是實生栽培的樂趣所在。

蘋果

我總是會特別觀察蘋果對於環境的馴化。蘋果的主要產地是日本東北各縣及長野縣等地區。而群馬縣的利根、沼田地區也是蘋果的產地。群馬縣在過去栽培的都是其他主要產地所培育的品種，不過位於沼田市的縣屬園藝試驗所北部試驗地，開始從實生苗選拔並且培育出適合利根、沼田地區的原創品種。像是「陽光」、「群馬名月」、「slim red」等品種。並非從其他地方引進，而是在當地以實生繁殖所培育而來的意義重大，可培育出容易適應當地的品種。

在我家的迷你果樹園中，也栽培了這些品種的蘋果樹，不過這些品種的育種場所是位於海拔450公尺的沼田市，而不是海拔100公尺的前橋市南部。就算是在同一個縣內改良的品種，適合前橋市南部的品種，果然還是要從前橋市南部播種的實生苗當中進行選拔育種才行。沒錯，就和白根葵一樣。

雖然當時在試驗所指揮蘋果育種的N氏已經退休，不過我曾經對N氏說過在前橋市南部育種這件事。N氏回答說「雖然陽光和群馬名月的親本是golden delicious，但是沒有必要從golden品種的實生開始繁殖。直接將名月等品種從實生開始栽培就可以了」。

我非常認同他的想法。育種的好處就在於能將優秀的品種當作基底，並且將此特性延續下去。育種可說是一種延續。

將矮性品種當作砧木嫁接的「群馬名月」

仙人掌

仙人掌不耐寒，如果不在溫室栽培的話會無法存活，各位也是這樣認為嗎？的確大部分的品種較無法抵抗寒冷，但是一部份的仙人掌卻能在戶外過冬。位於前橋市南部的我家農園，雖然最近因為溫暖化的影響，寒冷的程度不比從前，但是每年還是會下幾次雪，氣溫最低也會降至零下5～6℃。

在這樣的條件下，我將仙人掌像是蔬菜一樣直接栽種於田間，進行過冬實驗。接著將存活下來的個體進行交配採種，進行實生繁殖。雖然這是確認耐寒性的選拔，但同時也有其他幾個選拔的目標。

比如說是否具有耐寒性。是否完全沒有刺，或是即使有刺也非常短，就算觸摸也很安全。花色豐富而且鮮豔，花莖較短。是否為多花性，每朵花可開3天以上。開花期長，能從春至秋天不間斷持續開花等等。

將選出的親本互相交配採種，播種培育實生苗，不過我自己也不知道會開出怎樣的花，這就是實生繁殖的醍醐味（交配方法請參閱38頁）。

夾竹桃

夏季開花的植物意外的少。在這之中，紫薇（百日紅）、凌霄花、木槿、夾竹桃等花朵為夏天點綴色彩。

夾竹桃的花有重瓣品種、半重瓣品種及單瓣品種。重瓣品種的花色為粉紅色，偶爾會出現橘色。而粉紅色花也有葉片帶有斑紋的種類。

半重瓣品種的花色為乳白色，顏色並不鮮明。單瓣品種則有深紅色、桃紅色、粉紅色、淡粉色、櫻花色、白色等顏色豐富。

單瓣品種不論哪種花色都會結大量的果實，豆莢中的種子也非常飽滿豐富。到了晚秋豆莢成熟後會裂開，這時候就是採種的適期。採種後放入紙袋中保存，並於早春播種。約2～3年後就會開

斑紋夾竹桃的葉片

花，但是每個植株都開出和親本相同的花色。在我栽培的經驗中，每種花色數量已經不多，再加上沒出現特別的變異，所以期待落空了。

重瓣品種的種子較難以發現，但是仔細找的話還是能找得到。在我培育的20棵苗株當中，發現了一棵矮性品種。培育出矮性品種的夾竹桃，是我的一大育種目標，因此非常開心地等待開花。然而，這個矮性品種所開出的花都是畸形花，花朵本身不具有觀賞價值。雖然如今仍繼續保存，想說之後可以當作交配親本使用，但是卻一直無法長出花粉。

在夾竹桃的實生繁殖當中，目前最期待的就是培育出鮮豔的黃色品種。目前培育的乳白色為半重瓣品種，因此幾乎不太會結種子。再加上個體數較少，所以花了許多時間尋找果實。在我努力不放棄尋找的結果下，今年終於找到了。而且還發現了斑紋重瓣品種的種子。到底能栽培出怎樣的植株，非常令人期待。在某種程度的預測之下播種，並且期待生長、開花結果是實生繁殖的樂趣所在，不過歷經辛苦找到種子的過程也是一種樂趣。

金桔

金桔果實

我所居住的前橋市南部，氣溫對於栽培蘋果而言太高，若要種植柑橘溫度又會太低。曾經買了一盆果實橙黃、看起來非常美味的金桔盆栽，接著栽種於庭院，隔年開始果皮卻變得過厚而且太酸，果實的顏色也不夠漂亮。

最近也許是因為地球暖化的影響，在群馬縣也常聽到「柑橘的皮變薄而且變甜了。金桔的果實變得圓潤，而且呈現出漂亮的橙黃色」。儘管如此，還是比不上產地的柑橘或是金桔。果然還是得從這個地區播種的實生植株進行選拔育種才行。我在數年前曾經在這裡播種栽培實生苗，雖然讓11棵植株結出果實，但是成果並沒有達到期望。現在播了更大顆的金桔種子，再次挑戰實生繁殖。

想藉由僅僅數棵或是數次的栽培獲得好的結果是不太可能的，育種的世界沒有那麼簡單。別因為1、2次的失敗而氣餒，努力堅持就能發掘實生栽培的樂趣。

木通・六葉野木瓜

近年來，金桔、石榴、枇杷等無籽品種成為熱門的話題。

和我一樣熱衷育種的朋友T氏說木通比較好吃，而我則是說六葉野木瓜比較美味，彼此不遑多讓。不過「不論是哪一種，如果沒有籽就好了」，在這點上兩人卻是一致認同。因此我們約定好，T氏要培育出無籽木通，我的目標則是培育出無籽六葉野木瓜。

要培育出無籽的品種有好幾種方法，我們採用了最傳統的方法，也就是使用秋水仙素。將秋天採取的種子於春天播種，將發芽後的幼苗浸泡於秋水仙素液體中，首先培育出四倍體植株。再將四倍體植株和二倍體交配，產生三倍體植株。

雖然三倍體植株所結的果實含有細微的種子，但是卻不會影響口感。

像這樣雖然操作本身並不困難，但是在獲得結果的過程中一定會遇到各種困難及失敗。不過凡事都是挑戰，希望各位都透過實生栽培享受過程。

六葉野木瓜的實生苗

八角金盤

八角金盤是家家戶戶的庭院中常見的植物。就算不用刻意購買苗株，在不知不覺之間也會茁壯生長。不論是全日照或是半遮陰下都能生長，在一整年中為庭院增添綠意，卻是很少受到關注的庭院植物。變化少也許是毫無人氣的原因。

八角金盤有3種斑紋品種。最常見的是叫做「Shilov（白斑）」的品種。而這個Shilov的枝條變種為「叢雲錦」品種，非常稀少。

另外還有一種是叫做「紬紋」的品種，為帶有斑紋的固定種，從實生栽培就帶有斑紋。在植株仍小的時候呈現鮮豔的白綠相間斑紋，不過隨著生長就會轉變為不起眼的散斑。

我想將這些品種進行交配，增添變化性，讓不起眼的八角金盤更受歡迎。除了斑紋變化之外，培育出帶有斑紋的矮性品種也是我的夢想之一。只能將所有品種加以組合採種，盡量從大量的實生苗當中進行選拔，除此之外別無他法。

2種不同的斑紋八角金盤

熊掌木

由於耐寒性強，在半遮陰下也能生長這兩個原因，八角金盤比起日本，在歐洲反而受到更高的評價，而且很受歡迎。

於1910（明治43）年，法國的利傑（Lizei）兄弟將八角金盤的實生園藝品種（八角金盤屬）和大西洋常春藤（常春藤屬）交配，培育出屬間雜種熊掌木（×Fatshedera lizei）。日本則是於1957（昭和）年引進了熊掌木的斑葉品種，在日本將熊掌木稱為Hatos。

我注意到的是在100多年前，就已經進行八角金盤的品種改良這個事實。

可以理解改良的場所並不是在原產地乏人問津的日本，而是在法國。不過最令人訝異的是能將實生園藝品種和常春藤交配，培育出屬間雜種。

除此之外我心中還有許多疑問。當初利傑兄弟在育種所使用八角金盤的實生園藝品種Moseri，如今是否仍留存於法國。是否有引進日本？如果有引進日本的話，是否現存於日本的某處呢？

利傑兄弟嘗試了八角金盤和常春藤的屬間交配，不過我想他們同時也對於常春藤屬以外的各種五加科植物進行了屬間交配。交配的結果又是怎樣呢？由於是屬間交配，成功的機率非常低，也許是在許多偶然的交錯之下，讓唯一的熊掌木誕生了。

我也受到利傑兄弟的啟發，開始嘗試五加科植物的屬間交配。許多植物的開花期都不同，所以將花粉乾燥後放入冷凍保存，再進行授粉。不知道是因為花粉保存的問題，還是交配方法有問題，如今仍未成功，還在嘗試摸索中。

然而，熊掌木的存在顯示了其他五加科植物屬間交配的可能性，也為熱衷八角金盤育種的我們，帶來了極大的希望與勇氣。

第2章

落葉樹的繁殖方法

月份	狀態	管理	繁殖作業	肥料	重點
1				施肥	在花期結束後應儘早進行修剪作業
2		修剪			
3		定植	扦插　分株		
4					
5					
6	開花		扦插		
7	開花	修剪	扦插		
8					
9					
10					
11					
12					

在雨中更加耀眼的花
繡球花
紫陽花、八仙花、七變化、洋繡球

繡球花科繡球屬／落葉灌木（高1～2m）

繡球花是在梅雨季開花，熟為人知的植物。一般所謂的繡球花，是由繡球（額紫陽花）變異而來的園藝品種。額紫陽花的中央具有能結種子的兩性花，周圍則是裝飾花。整個花朵為裝飾花的是繡球花（紫陽花）。而繡球花引進歐美，經由品種改良再次引進日本的則是西洋繡球花（Hydrangea）。這些種類都有許多園藝品種。

栽培管理

定植、移植的適合時期為2月下旬～3月。適合栽種的場所為半日照，腐殖質豐富的肥沃土壤。若能防止冬天的寒風更為理想。

修剪應於開花結束後儘早進行。花芽會在新梢的頂部2～3節處，於9～10月上旬長出。

由於園藝品種不會結果實，所以可藉由扦插、分株來繁殖。

 ## 藉由扦插繁殖

有2下旬～3月的春季扦插以及6～8月上旬的夏季扦插兩種。春季扦插時可挑選飽滿的前一年枝條，而夏季扦插應選擇節間密實、飽滿的新梢。於2～3節的位置剪下當作插穗。夏季扦插時可保留上側的4～5片葉片，下側的葉片全都剔除。保留的葉片應剪成一半。放入水中使枝條吸水約1小時，接著插入扦插苗床中。介質可使用鹿沼土、蛭石、珍珠石、泥炭土的等比例混合土。扦插後應放置於半日照處，澆水以避免乾燥。

進行春季扦插時，應注意避免受到霜害。當新芽冒出且發根後可施用液肥，並於隔年春天栽種於盆栽中。

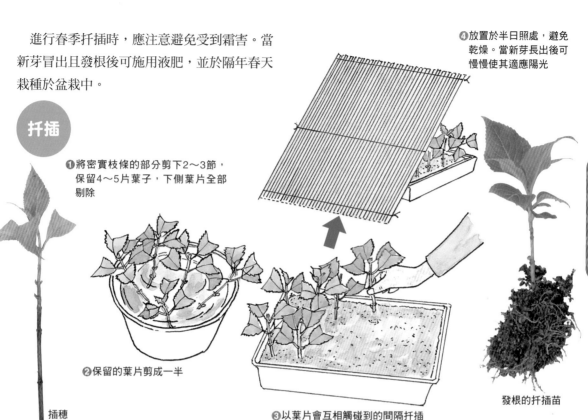

扦插

❶將密實枝條的部分剪下2～3節，保留4～5片葉子，下側葉片全部剔除

❷保留的葉片剪成一半

❸以葉片會互相觸碰到的間隔扦插

❹放置於半日照處，避免乾燥。當新芽長出後可慢慢使其適應陽光

插穗

發根的扦插苗

 分株繁殖

於2月下旬～3月進行。在分株的前一年可將植株基部堆土，使植株長出大量的細根。分成每棵植株擁有3根枝幹。將植株挖起、定植時應避免傷害到細根。

定植後可鋪上腐葉土或是乾稻草，防止乾燥。

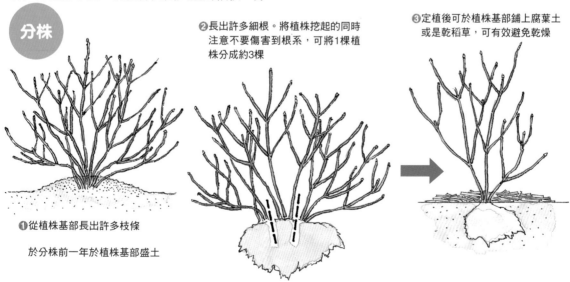

分株

❶從植株基部長出許多枝條

於分株前一年於植株基部盛土

❷長出許多細根。將植株挖起的同時注意不要傷害到根系，可將1棵植株分成約3棵

❸定植後可於植株基部鋪上腐葉土或是乾稻草，可有效避免乾燥

黃葉時非常美麗

銀杏 公孫樹

銀杏科銀杏屬／落葉喬木（高30～40m）

秋天的鮮豔黃色為銀杏的迷人特色。原產於中國，由遣唐使者傳入日本。能抵抗大氣污染且具有耐火性，因此能在各地的神社寺廟內看到古老的大樹。雌雄異株。雄株會於4月開出淡黃色的短穗狀雄花，雌株具有2個綠色的裸胚珠。果實為肉質果，成熟後呈現黃色，會散發惡臭。

月份	狀態	管理	繁殖作業	肥料	重點
1		修剪	嫁接	施肥	生命力強，任何方法都能繁殖
2		修剪／定植	嫁接		
3		定植	扦插		
4	開花				
5					
6			扦插		
7			扦插／壓條		
8			壓條／嫁接		
9			嫁接／扦插		
10	熟期		扦插		
11	熟期	定植／修剪			
12		修剪			

栽培管理

定植及移植的適期為2月下旬～3月以及11月。適合於日照及排水良好的場所栽種。生長勢強，任何土質都能生長。

修剪的適期為11～2月的落葉期（葉片掉光的期間）。可將過度伸長的枝條進行截剪。

生命力強，不論是實生、扦插、嫁接、壓條等任何方式都能繁殖。

 藉由實生繁殖

可於10月左右撿起掉落的成熟果實，放入網狀的袋中埋入土壤，或是水洗後去除果肉。此外，有些人接觸到果肉時會出現皮膚發炎的症狀，處理時應注意。

種子可以不儲藏直接播種於土壤，或是混合一半量的土壤並且埋入土中，保存至春天。

播種時可在長型盆器中放入小顆粒的赤玉土，播種後覆土至可以蓋過種子的程度即可。

放置於日照良好的場所，注意避免乾燥。於隔年春天的3月移植。

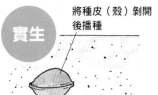

銀杏的種子

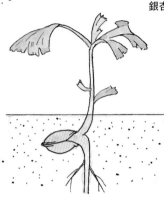

黃熟的銀杏果實
（白果）

實生

將種皮（殼）剝開後播種

將果肉清洗乾淨，於長型盆器等放入小顆粒的赤玉土，再播種於盆器內

稀有的斑葉銀杏實生苗。施肥栽培1年後可利用於接穗

比較粗的枝條也會發根。

用鹿沼土、蛭石、珍珠石、泥炭土用相同比例混合成扦插苗床，再將插穗插入苗床中。放置於半日照處，避免乾燥，大約半年左右即可發根。長出新芽時可慢慢移動至日照充足的場所栽培。以相同的方式管理，2年後即可進行移植。

 藉由扦插繁殖

可分為3～4月的春季扦插，6～7月的夏季扦插，以及9～10月的秋季扦插。插穗可選擇會結豐碩果實的雌株品種，或是葉片帶有美麗斑紋的品種。春季扦插應使用飽滿的前一年枝條，夏季及秋季扦插應選擇節間密實的新梢。

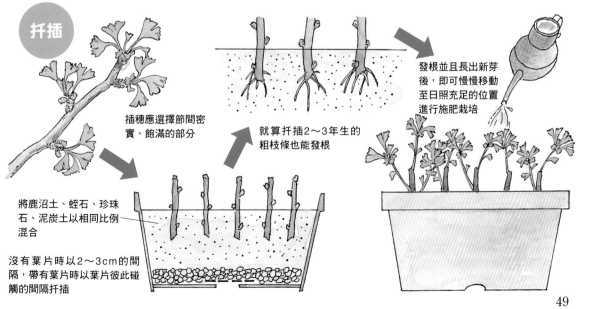

扦插

插穗應選擇節間密實、飽滿的部分

就算扦插2～3年生的粗枝條也能發根

發根並且長出新芽後，即可慢慢移動至日照充足的位置進行施肥栽培

將鹿沼土、蛭石、珍珠石、泥炭土以相同比例混合

沒有葉片時以2～3cm的間隔，帶有葉片時以葉片彼此碰觸的間隔扦插

藉由嫁接繁殖

和扦插一樣，可選擇容易結果實的樹木或是帶斑紋的品種當作接穗。

嫁接除了4～5月長新芽的時期以外，一整年都能進行。

嫁接方法為切接。砧木使用1～2年生的實生苗。

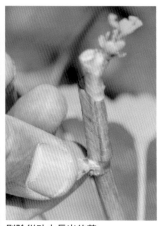

剔除從砧木長出的芽

從容易結果實的品種（右側照片）採取接穗，嫁接於一般品種的實生2年生砧木上。大約1個月過後就會冒出新芽

樹齡年輕就會結果實的品種。如果遇到喜歡的品種，只要切下枝條就能在自家繁殖

藉由壓條繁殖

於生長期的6～8月進行環狀剝皮，使用高空壓條法繁殖（參閱30頁）。

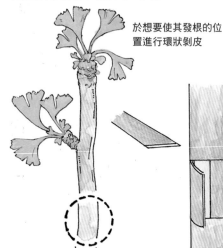

於想要使其發根的位置進行環狀剝皮

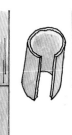

用浸濕的水苔包紮木質部，再用塑膠布包起來

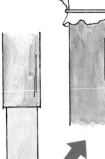

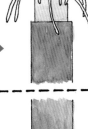

若透過塑膠布看到根系長出時，即可將枝條切離，去除水苔定植

製作出結實累累的銀杏盆栽

將栽培於地面數年的樹木,於接近植株基部的位置切斷,使植株從下側長出新梢。再將這些新長出的枝條當作砧木,再從容易結果實的矮性品種採取接穗嫁接。

接穗應根據砧木枝條的粗細來選擇。

嫁接後即可放入盆器中,製作成銀杏盆栽(約2年後可結果實)。不僅僅是繁殖而已,還能享受到嫁接的另一種樂趣。

❶專門栽培成盆栽用的銀杏樹木。於下側枝條附近切除樹幹

❷為劃出切口,從砧木的邊緣從下往上削成斜面

❸沿著表皮劃出切痕,露出形成層

❹插入接穗,使砧木和接穗的形成層彼此密合

❺纏繞石蠟膜帶固定。同時避免乾燥

❻將每個枝條於植株基部附近切斷,進行嫁接

❼若砧木較粗、切口較寬時,可塗抹癒合劑

癒合劑

月份	狀態	管理	繁殖作業	肥料	重點
1		修剪／定植	嫁接／實生／壓條	施肥	適合栽培於半日照且排水良好的場所
2		修剪／定植	嫁接／實生／壓條	施肥	
3		定植	實生／壓條		
4					
5	開花				
6	開花		扦插／壓條		
7			扦插／壓條		
8			扦插／嫁接		
9	熟期		嫁接／實生		
10	熟期		實生		
11		定植			
12		定植／修剪			

開花期白色花朵開滿整個植株

野茉莉　木香柴、野白果樹、山白果

安息香科安息香屬／落葉喬木（高7～15m）

自生於日本各地的山野，於5～6月開滿白花於整個枝條。開花期甚至可見整棵開滿白花的植株。近緣種有開粉紅色美麗花朵的紅花野茉莉，以及於纖細枝條上開出向下垂吊花朵的垂枝野茉莉。

栽培管理

定植或移植的適期為11～3月中旬。適合培於半日照、土壤富含腐殖質、排水良好的場所。花芽會長在基部密實的短枝條上。修剪的適期為12～2月。

可用實生、扦插、嫁接、壓條等方法簡單繁殖。

藉由實生繁殖

於10月左右，當果實表皮開始裂開後即可採種。趁著被鳥類吃掉之前儘早採下。可以採種後直接播種，或是保存到3月再播種。若使種子乾燥會因此而無法發芽，可連同浸濕的河砂或是少量的水一起放入塑膠袋中，再放入冷藏保存。

於加入赤玉土及河砂等介質的苗床播種。注意霜害，避免乾燥，到了隔年春天即可發芽。

野茉莉的果實及種子

實生

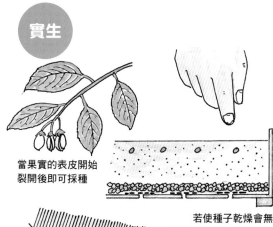

當果實的表皮開始裂開後即可採種

若使種子乾燥會無法發芽,建議採種後直接播種

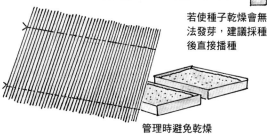

管理時避免乾燥

藉由扦插繁殖

於生長期的6～9月採取密實的新梢當作插穗。將相同比例的鹿沼土、蛭石、泥炭土、珍珠石混合成扦插苗床。管理時避免乾燥,於隔年春天移植。

扦插

使用密實的新梢

插穗

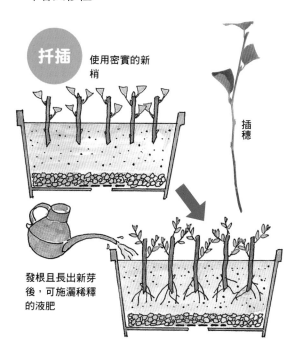

發根且長出新芽後,可施灑稀釋的液肥

藉由嫁接繁殖

除了4～5月長出葉片的時期以外,一整年都能藉由嫁接繁殖。砧木建議使用2～3年生的實生苗。

使用石蠟膜帶,採用切接或是芽接進行。

芽接

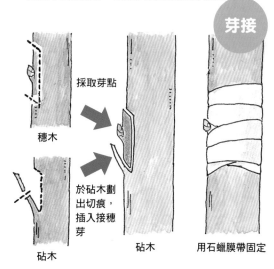

穗木

採取芽點

於砧木劃出切痕,插入接穗芽

砧木

砧木

用石蠟膜帶固定

藉由壓條繁殖

於長出新芽前或是梅雨季進行環狀剝皮,採用高空壓條法繁殖。

高空壓條法

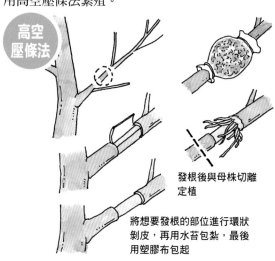

發根後與母株切離定植

將想要發根的部位進行環狀剝皮,再用水苔包紮,最後用塑膠布包起

月份	狀態	管理	繁殖作業	肥料	重點
1					若放任其生長，枝條會呈現出雜亂的樣貌，可在花期結束後立刻進行修剪
2	開花		扦插	施肥	
3	開花	定植	扦插／壓條	施肥	
4		定植	壓條	施肥	
5		修剪			
6		修剪	扦插		
7		修剪	扦插		
8					
9		定植	壓條		
10		定植	壓條		
11					
12					

於早春盛開的小巧黃花
迎春花　金腰帶、黃素馨

木犀科素馨屬／落葉灌木（高1～2m）

會於早春開出彷彿梅花般的黃色花，所以在日本被稱為「黃梅」。原產於中國，是熟為人知的迎春花卉。雖然是茉莉花的近緣種，但是幾乎沒有香氣。枝條會往四面伸展。可栽種於石牆或是圍牆上，別有一番風情。

栽培管理

定植或移植的適期為3月中旬～4月，以及9～10月。促進排水，栽培時盡量將土堆高以促進排水。耐寒冷及乾燥，生長勢強健。

會於各節新梢長出花芽。若放任生長，枝條會向四面伸展，呈現出雜亂的植株樣貌，因此可於開花期結束後，根據庭院的大小立刻進行修剪。

繁殖力旺盛，經常從枝條的節點長出氣根，和地面接觸後發展成根系。可藉由扦插及壓條簡單繁殖。

藉由扦插繁殖

繁殖適期為2月中旬～3月（春季扦插），以及6～7月中旬（梅雨季扦插）。春季扦插時可選擇前一年枝條的密實部分，而梅雨季扦插則是選擇密實的新梢部分。採取30cm左右長度的插穗，就能充分發根。適期以外除了3～9月也能隨時進行扦插。放置於非迎風面的半日照處，長出新芽後再慢慢讓植株照射光線。於隔年春天移植。

插穗

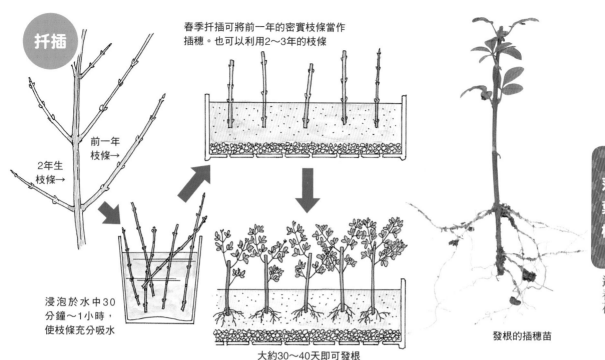

扦插

2年生枝條→

前一年枝條→

浸泡於水中30分鐘～1小時，使枝條充分吸水

春季扦插可將前一年的密實枝條當作插穗。也可以利用2～3年的枝條

大約30～40天即可發根

發根的插穗苗

藉由壓條繁殖

只要將枝條和地面接觸，就能從枝條發根。可於植株基部將土堆高，或是彎曲枝條埋入土中，發根後從母株切斷定植即可。

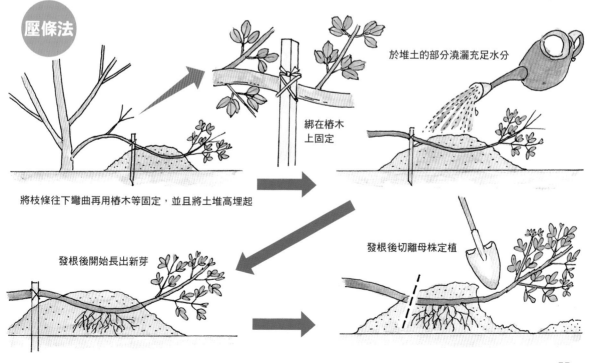

壓條法

將枝條往下彎曲再用樁木等固定，並且將土堆高埋起

綁在樁木上固定

於堆土的部分澆灑充足水分

發根後開始長出新芽

發根後切離母株定植

55

點綴日本秋季的代表樹木

楓樹・紅葉 楓、槭

無患子科楓屬／落葉喬木（高5～30m）

雖然楓紅是秋季紅葉的象徵，但是卻沒有所謂紅葉這個分類。在楓樹類當中，一般而言會將葉片裂紋較深的稱為槭，較淺的則是稱為楓。種類非常豐富，園藝品種也很多。

栽培月曆					
月份	狀態	管理	繁殖作業	肥料	重點
1		修剪 定植			就算在落葉後，樹液也會很快就開始流動，所以修剪應於1月進行
2		定植	嫁接 扦插		
3			實生 扦插		
4					
5			扦插	施肥	
6					
7			嫁接		
8					
9				施肥	
10	紅葉		實生		
11	紅葉	定植			
12		修剪 定植			

栽培管理

定植及移植的適期為剛落葉完～2月中旬。適合栽種於富含腐殖質、排水良好的場所。夏日西曬過於強烈容易造成葉燒（日燒），應盡量避免。修剪應於落葉後樹形明顯可見的時期進行，不過由於樹液的移動較早開始，應於1月底之前結束修剪。

由於園藝品種非常多，所以通常會使用實生苗當作砧木進行嫁接。其中三角槭（唐楓）是最受歡迎的盆栽樹種，經常會用扦插繁殖成種木（新木）。

 藉由實生繁殖栽培砧木

於10月左右在種子掉落前採種，陰乾4～5天後，用手將種翅剝除。可以採種後立刻播種，或是保持濕潤放入冷藏保存，於3月播種。注意霜害，避免乾燥並且於明亮的半日照處管理，到了4月就會發芽。長出本葉後可施灑稀釋液肥。於1～2年後的落葉期截剪直根，栽種於盆栽中。

三角楓的種子

實生

帶有種翅的楓樹種子

用手搓揉將種翅去除

可採種後直接播種,或是
保存至隔年3月播種

長出本葉後,可施灑稀釋液
肥進行肥料栽培

藉由嫁接繁殖

1~3月及6~9月為適期。砧木可用2~3年
生的雞爪槭實生苗進行切接。

藉由扦插繁殖

有2~3月的春季扦插,以及5月下旬~6月
的梅雨季扦插兩種。春季扦插應使用前一年的
密實枝條,而梅雨季扦插則是使用節間充實的
新梢當作插穗。

嫁接

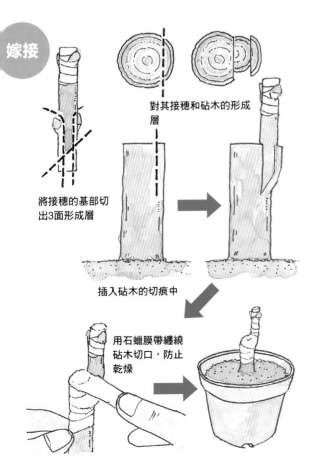

對其接穗和砧木的形成
層

將接穗的基部切
出3面形成層

插入砧木的切痕中

用石蠟膜帶纏繞
砧木切口,防止
乾燥

扦插

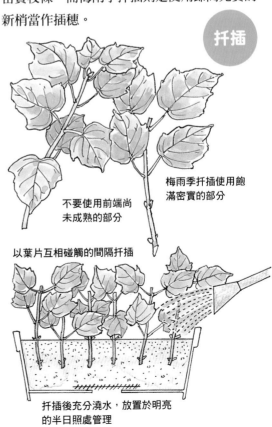

不要使用前端尚
未成熟的部分

梅雨季扦插使用飽
滿密實的部分

以葉片互相碰觸
的間隔扦插

扦插後充分澆水,放置於明亮
的半日照處管理

57

有如繡球般的白色花球極為美麗

麻葉綉線菊

麻葉繡球、日本小手球

薔薇科繡線菊屬／落葉灌木（高1～2m）

小巧的白花聚集成繡球狀開花，因此也有「小手球」之別名。開滿白花的纖細枝條隨著春風搖曳的姿態，呈現出獨特的風情。園藝品種有新枝條呈現金黃色的金黃小手球，以及重瓣花的八重小手球等。

栽培月曆

月份	狀態	管理	繁殖作業	肥料	重點
1			分株	施肥	為了能呈現出枝條搖曳的風貌，應注意避免過度強剪
2		定值			
3			扦插		
4	開花				
5		枝條更新			
6			扦插		
7					
8					
9					
10					
11					
12	剪定	定植	分株		

栽培管理

　　定植及移植的適期為落葉期的12～3月。應栽培於日照充足，富含腐殖質的濕潤場所。

　　就算若放任生長也能呈現出整齊的樹形，不過也可將開花狀況較差的枝條從基部修剪，更新枝條。以弓狀優雅彎曲的枝條是這種植物的特徵，應盡量避免過度修剪。

　　可藉由扦插或分株繁殖。

 ## 藉由扦插繁殖

　　2月下旬～3月（春季扦插）以及6～8月（夏季扦插）為適期。春季扦插使用前一年密實的部分，而夏季扦插則是使用密實的新梢部分。將插穗浸泡於水中30分～1小時吸水，再將相同比例的鹿沼土、蛭石、珍珠石、泥炭土混合成扦插苗床。放置於半日照或是加以遮光避免陽光直射的場所管理，避免乾燥。發根長出新芽後可逐漸移動至日照處，施灑稀釋液肥。隔年春天即可移植。

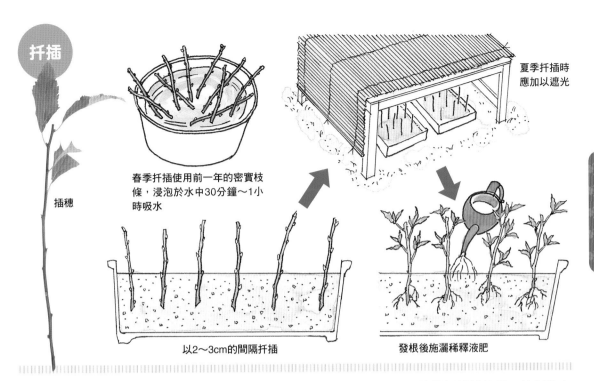

扦插

插穗

春季扦插使用前一年的密實枝條，浸泡於水中30分鐘～1小時吸水

夏季扦插時應加以遮光

以2～3cm的間隔扦插

發根後施灑稀釋液肥

 藉由分株繁殖

於落葉期的12～3月進行繁殖。注意不要傷害到根系的同時，將整棵植株挖起。挖起後去除部分土壤確認根部。分割成每株具有3根枝幹的植株後定植。定植後應充分澆水。

分株

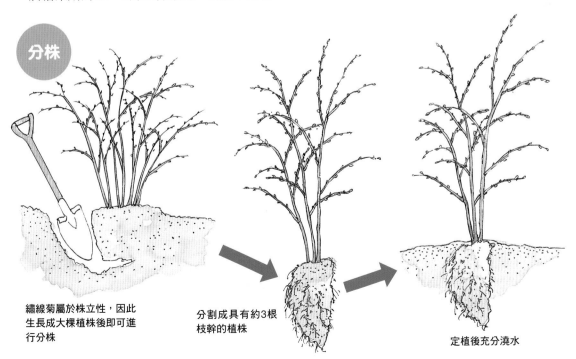

繡線菊屬於株立性，因此生長成大棵植株後即可進行分株

分割成具有約3根枝幹的植株

定植後充分澆水

59

栽培月曆

月份	狀態	管理	繁殖作業	肥料	重點
1		整枝		施肥	實生繁殖時，應洗去種子外圍的紅色假種皮再播種
2		整枝／定植	實生／嫁接	施肥	
3	開花	定植	嫁接		
4	開花	修剪			
5		修剪			
6			嫁接		
7			嫁接		
8			嫁接	施肥	
9			實生	施肥	
10			實生		
11		整枝			
12		整枝			

早春的花木
日本辛夷 日本玉蘭

木蘭科木蘭屬／落葉喬木（高10～15m）

在長出葉片前盛開大型的白花。據說是因為花苞的外觀和拳頭非常像，因此在日本被稱為「拳頭花」。近緣種有花瓣較細長的紙垂辛夷，以及花色為淡粉紅的紅花辛夷。這些品種比一般日本辛夷低矮，適合較狹小的庭園。

栽培管理

　　定植或移植的適期為2月下旬～3月。只要是日照及排水良好的場所，任何土質都能栽培。

　　於落葉期修剪樹形凌亂的枝條。花芽會於枝條前端長出，應確認花芽位置的同時進行修剪。若樹形太過於龐大時，可於開花期結束後進行強剪。

　　日本辛夷可藉由實生繁殖，而紙垂辛夷等則是利用嫁接繁殖。

藉由實生繁殖培育砧木

　　到了10月上旬，果實便會逐漸成熟呈現紅色。當果實稍微裂開後即可採種，陰乾2～3天後將紅色的種子取出。用水洗去紅色的假種皮，再直接播種於赤玉土介質等播種苗床，或是和沾濕的河砂一起放入塑膠袋中，再放入冰箱冷藏保存，並於隔年2月播種。播種後放置於日陰處管理，避免乾燥。長出4～5片本葉後即可移植。移植時應將直根切除，促進苗株長出細根。若直接栽種於地面，大約1～2年後即可利用為砧木。

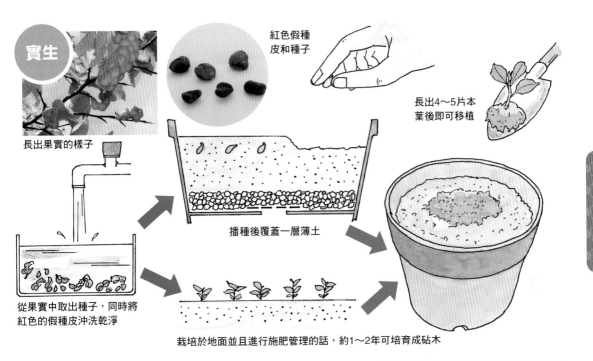

實生

長出果實的樣子

紅色假種皮和種子

長出4～5片本葉後即可移植

播種後覆蓋一層薄土

從果實中取出種子，同時將紅色的假種皮沖洗乾淨

栽培於地面並且進行施肥管理的話，約1～2年可培育成砧木

藉由嫁接繁殖

2～3月及6～9月為嫁接適期。將日本辛夷的1～3年生實生苗當作砧木，利用石蠟膜帶進行切接或芽接。

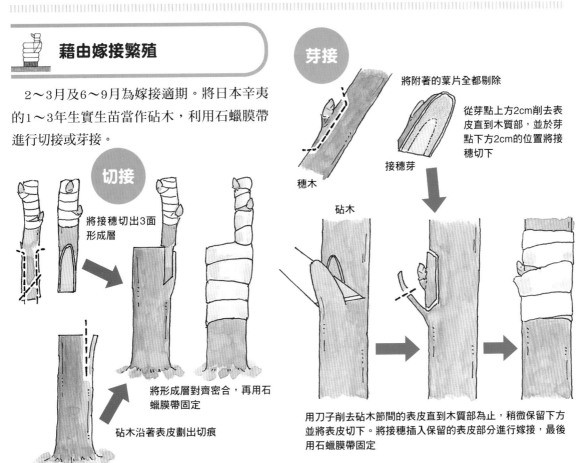

切接

將接穗切出3面形成層

將形成層對齊密合，再用石蠟膜帶固定

砧木沿著表皮劃出切痕

芽接

將附著的葉片全都剔除

從芽點上方2cm削去表皮直到木質部，並於芽點下方2cm的位置將接穗切下

穗木

接穗芽

砧木

用刀子削去砧木節間的表皮直到木質部為止，稍微保留下方並將表皮切下。將接穗插入保留的表皮部分進行嫁接，最後用石蠟膜帶固定

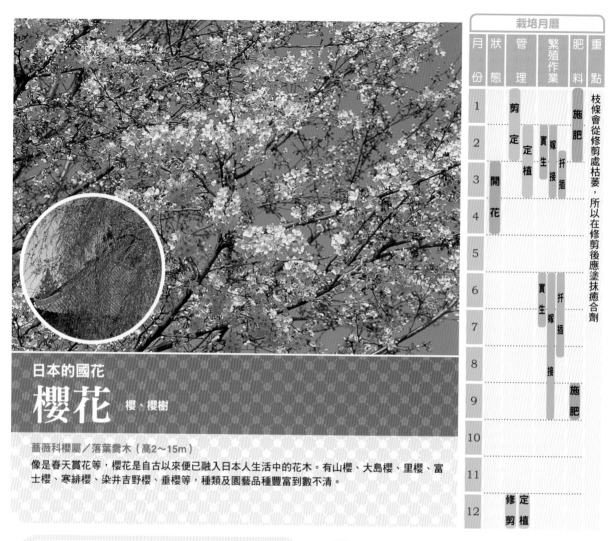

日本的國花
櫻花 櫻、櫻樹

薔薇科櫻屬／落葉喬木（高2～15m）

像是春天賞花等，櫻花是自古以來便已融入日本人生活中的花木。有山櫻、大島櫻、里櫻、富士櫻、寒緋櫻、染井吉野櫻、垂櫻等，種類及園藝品種豐富到數不清。

月份	狀態	管理	繁殖作業	肥料	重點
1		剪定		施肥	枝條會從修剪處枯萎，所以在修剪後應塗抹癒合劑
2		剪定／定植	實生／嫁接／扦插		
3	開花	定植	實生／嫁接／扦插		
4	花				
5					
6			實生／嫁接／扦插		
7			實生／嫁接／扦插		
8			接		
9				施肥	
10					
11					
12		修剪／定植			

栽培管理

定植及移植的適期為12月及2～3月。應栽種於日照充足、排水良好，富含腐殖質的土壤肥沃場所。

修剪的適期為12～2月。枝條應於枝條基部修剪，並於切口塗抹癒合劑保護。

大部分的園藝品種可藉由嫁接繁殖。根據種類不同，也有些品種可用實生或扦插繁殖。

藉由實生繁殖

於6月左右，當種子呈現黑熟狀態開始掉落時即可採種。將果肉用水沖洗乾淨，可於採種後直接播種，或是混合濕潤河砂避免乾燥，裝入塑膠袋中放入冷藏保存，並於隔年2月播種。

播種後應放置於日陰處管理，避免乾燥。幼苗長出4～5片本葉後，慢慢移動至陽光處使其適應。

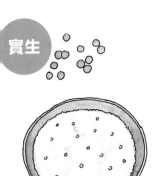

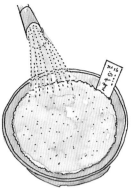

以2～3cm的間隔進行點播

鋪一層稍微深的土以蓋過種子

於4月上旬發芽。發芽後逐漸移動至日照處

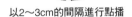

藉由扦插繁殖

　　富士櫻及垂櫻利用扦插繁殖較容易成功。2月下旬～3月（春季扦插）及6～8月上旬（梅雨季扦插）為適期。春季扦插應使用前一年枝條密實的部分，而梅雨季扦插則選擇密實的新梢部分當作插穗。

扦插

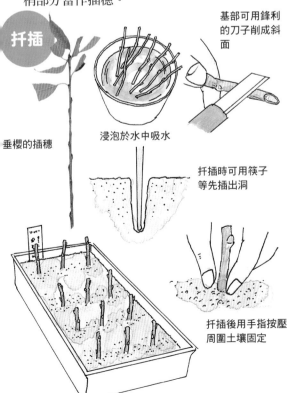

垂櫻的插穗

浸泡於水中吸水

基部可用鋒利的刀子削成斜面

扦插時可用筷子等先插出洞

扦插後用手指按壓周圍土壤固定

藉由嫁接繁殖

　　2～3月及6～9月為適期。可將實生或是扦插繁殖而來的1～3年生樹苗當作砧木，利用石蠟膜帶進行切接或芽接。

切接

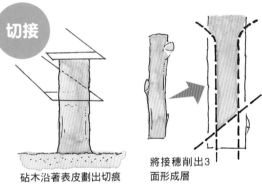

砧木沿著表皮劃出切痕

將接穗削出3面形成層

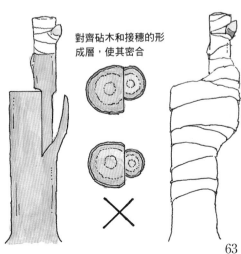

對齊砧木和接穗的形成層，使其密合

能抵抗熱暑，於夏日盛開的花

紫薇

百日紅、怕癢花、無皮樹

千屈菜科紫薇屬／落葉喬木（高5～10m）

平滑的樹皮連猿猴都會滑落，所以在日本稱之為「猿滑樹」。在花朵較少的夏季中，能充滿活力的盛開將近100天，所以又有「百日紅」之稱。同時也有許多矮性品種、花色深淺不同的品種，以及白色花品種等多數品種。

栽培月曆

月份	狀態	管理	繁殖作業	肥料	重點
1					可透過實生繁殖來培育出花色深淺等不同變異的新品種。
2		剪定	扦插／實生		
3		定植			
4					
5					
6			壓條		
7	開花		扦插		
8					
9					
10			實生	施肥	
11					
12		剪定			

栽培管理

定植或移植的適期為3～4月。若栽培於日照不足的場所，會讓開花的狀況變差。適合栽種於排水良好、富含腐殖質的肥沃場所。

花朵會在新梢的前端開出。開出花朵的枝條，應於12～3月從枝條基部剪下。

雖然扦插非常簡單，不過壓條也很容易繁殖。藉由交配、實生繁殖培育出新的園藝品種也是一種樂趣。

藉由扦插繁殖

2～3月（春季扦插）及6～9月（夏季扦插）為適期。春季扦插可使用修剪下來的前一年枝條的密實部分當作插穗，扦插後放置於日照充足溫暖的場所管理。而夏季扦插則選擇密實的新梢部分，扦插後放置於半遮陰處。兩種方式在管理時都應避免乾燥。發根後可漸漸從半遮陰處移動至日照處，使植株適應陽光，並且進行肥料管理。於隔年春天移植。

插穗

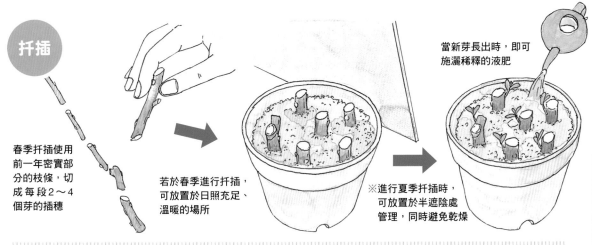

扦插

春季扦插使用前一年密實部分的枝條，切成每段2～4個芽的插穗

若於春季進行扦插，可放置於日照充足、溫暖的場所

※進行夏季扦插時，可放置於半遮陰處管理，同時避免乾燥

當新芽長出時，即可施灑稀釋的液肥

藉由壓條繁殖

6～7月為適期。進行環狀剝皮，以高空壓條法（參考30頁）進行。

另外，由於紫薇容易長出蘗枝，所以可將壓條枝條事先於一年前從植株基部堆土，使枝條長出細根。大約經過半年可發根。於3～4月從親本切離定植。

堆土法

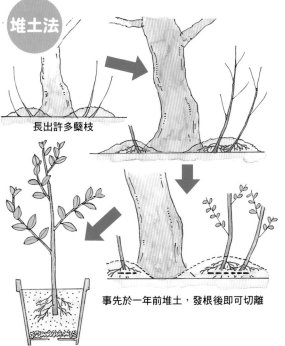

長出許多蘗枝

事先於一年前堆土，發根後即可切離

藉由實生繁殖

於10月左右採取轉成褐色的果實，陰乾數天後將果實剝開取種。可採種後直接播種，或是裝入塑膠袋中保濕避免乾燥，再放入冷藏保存，於春天播種。

一歲性（早發性）品種的紫薇，於播種的隔年就能開花。實生繁殖可培育出許多變異品種。

實生

採取果實後陰乾數天，再將果實剝開取出種子

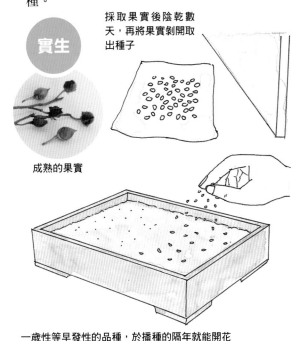

成熟的果實

一歲性等早發性的品種，於播種的隔年就能開花

月份	狀態	管理	繁殖作業	肥料	重點
1		整枝 定植			不需要特別定期修剪。只要將多餘的枝條剪下即可
2		整枝 定植		施肥	
3			實生 扦插 壓條		
4					
5	開花				
6			扦插		
7			扦插		
8			扦插		
9	成熟期·紅葉		扦插		
10	成熟期·紅葉		實生		
11	成熟期·紅葉				
12		整枝 定植			

錦繡交織的美麗紅葉

衛矛 錦木

衛矛科衛矛屬／落葉灌木（高1～3m）

秋天的紅葉有如錦繡般美麗，因此日本和名為錦木。枝條會長出軟木質地、有如箭頭的枝翅，是衛矛最大的特徵。近緣種小真弓（山錦木）的枝條沒有枝翅，因此很容易區別。

栽培管理

　定植或移植的適期為落葉期的12～3月上旬。應栽培於日照充足、排水良好，富含腐殖質的肥沃土壤場所。生長勢強，任何土質都能生長。

　若放任生長也能呈現出整齊的樹形，不需要特別進行修剪。只要整理樹冠內部的細枝條或徒長枝條或是蘗枝即可。整枝的適期為12～2月。

　一般都是用扦插繁殖，不過也能透過壓條或實生來繁殖。

 藉由扦插繁殖

　2～3月（春季扦插）及6～9月（夏季扦插）為適期。春季扦插可使用前一年枝條的密實部分，而夏季扦插則選擇密實的新梢部分。春季扦插後放置溫暖的場所管理，注意霜害。夏季扦插後應放置於半遮陰處管理，避免乾燥，大約1個月左右即可發根。接著漸漸移動至日照處，使植株適應陽光，施灑稀釋的液肥。於隔年春天的3月進行移植。

扦插

使用密實的枝條部分當作插穗。
可直接使用帶有枝翅的枝條

發根且長出新芽後，即可施
灑稀釋液肥

發根後的
苗木

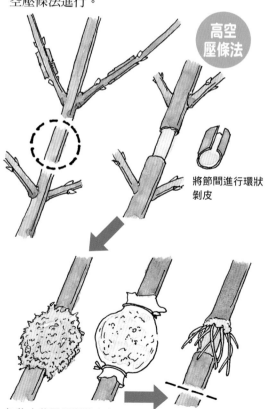

藉由壓條繁殖

新芽長出前的3月為適期。環狀剝皮後以高
空壓條法進行。

高空壓條法

將節間進行環狀
剝皮

包裹水苔再用塑膠布包
起，管理時避免乾燥

透過塑膠布看到根系長出
時，即可切離親本定植

藉由實生繁殖

於10月左右果皮開始裂開時採種。將果皮
充分清洗乾淨後，裝入塑膠袋中保濕，再放入
冰箱冷藏保存，於隔年3月播種。

實生

如果採種後不
直接播種時，
可裝入塑膠袋
中放入冷藏保
存

可以和沾濕的水
苔等一起放入塑
膠袋中

將紅色的假種皮也一起洗掉。播種
後覆蓋一層薄土

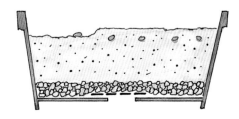

落葉樹

筆柿

栽培月曆

月份	狀態	管理	繁殖作業	肥料	重點
1					有如毛刷般的花朵為其特徵。由於合歡屬於豆科植物，所以稍微貧瘠的土地也能生長
2		剪定		不需要特別施肥	
3		剪定	實生		
4		定植			
5					
6					
7	開花				
8	開花				
9					
10	熟期		實生		
11					
12					

於初夏的傍晚盛開的毛刷狀花朵

合歡 絨花樹、鳥絨、馬纓花

豆科合歡屬／落葉喬木（高5〜10m）

羽狀複葉的左右對稱葉片，到了夜晚會像是睡覺般闔起，所以日本和名為眠之木。這種睡眠運動是因為位於葉柄基部叫做葉枕的運動器官，其細胞的容積發生變化而引起。於7〜8月盛開有如淡紅色毛刷般的花。有矮性品種的一歲性（早發性）合歡以及垂枝合歡等品種。

栽培管理

定植的適期為4〜5月上旬。偏好日照充足、適度濕潤的場所。

由於合歡為豆科植物，因此非常健壯，任何土質都能生長。稍微貧瘠的土地也能充分生長。

花朵會在新梢的前端長出。應避免枝條過度截剪，只要將多餘的枝條從基部剪下，進行疏剪即可。修剪的適期為2〜3月。

主要藉由實生繁殖。

藉由實生繁殖

於10月左右果皮呈現淡褐色時即可採種。乾燥2〜3天後，輕輕敲打就能讓果莢裂開，取出種子。可於採種後直接播種，或是裝入塑膠袋中放置於陰涼處保存，於3月播種。採種後直接播種時，建議放置在不會受到寒害或凍害的溫暖場所。放置於明亮的日陰處，發芽後再慢慢移動至明亮處使植株適應陽光，並施灑稀釋的液肥。於隔年春天的4月左右移植。早一點的話約6〜7年可開花。一歲性（早發性）的品種約2〜3年可開花。

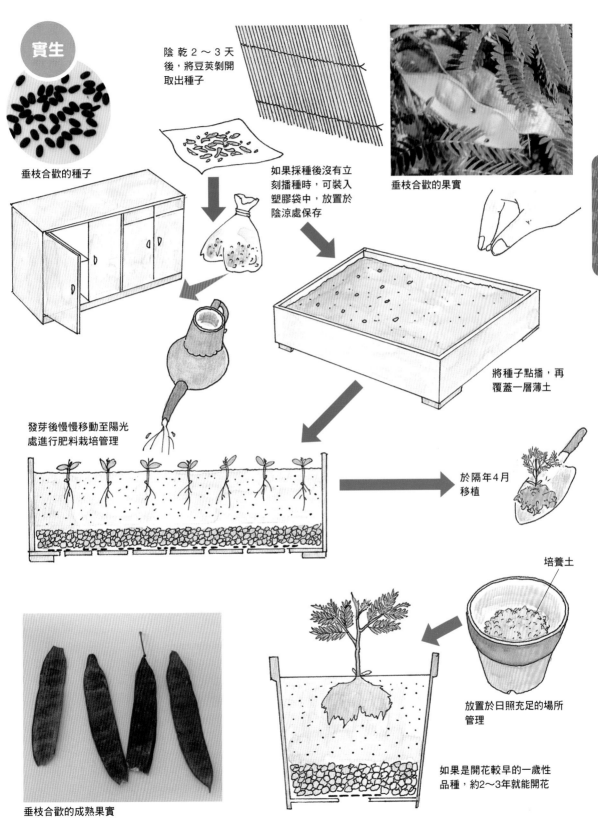

實生

垂枝合歡的種子

陰乾 2～3 天後，將豆莢剝開取出種子

垂枝合歡的果實

如果採種後沒有立刻播種時，可裝入塑膠袋中，放置於陰涼處保存

將種子點播，再覆蓋一層薄土

發芽後慢慢移動至陽光處進行肥料栽培管理

於隔年4月移植

培養土

放置於日照充足的場所管理

垂枝合歡的成熟果實

如果是開花較早的一歲性品種，約2～3年就能開花

花水木

四照花

華麗的花木
花水木／四照花

大花四照花、
美國山法師、
山法師

山茱萸科山茱萸屬／落葉喬木（高5～12m）

花水木（大花四照花）原產於北美，別名為美國山法師。看起來像花朵的其實是花瓣狀的4片苞葉，實際上花是位於中央的黃綠色部分。花水木的花苞前端往內凹陷，而日本自生的山法師花苞前端則是往前突起。有紅花品種及斑葉品種等園藝品種。

栽培月曆

月份	狀態	管理	繁殖作業	肥料	重點
1		修剪			雖然實生繁殖比較簡單，但是園藝品種就算播種也無法培育出和親本相同性質的苗木
2		修剪	嫁接	施肥	
3		定植	實生		
4	花水木開花				
5	花水木開花				
6	四照花開花		扦插		
7	四照花開花		嫁接		
8			接		
9					
10			實生		
11					
12		定植 剪定			

栽培管理

　　定植或移植的適期為冒出新芽前的2月下旬～3月中旬，以及落葉後的11月中旬～12月。只要栽培於日照及排水良好的場所，任何土質都能生長。

　　修剪應於落葉後的12～2月進行。將伸長卻沒有長出花芽的枝條，或是多餘的枝條加以整理修剪即可。

　　實生繁殖雖然簡單，但是園藝品種主要是以嫁接來繁殖。

 ## 藉由實生繁殖

　　於10月左右當果實轉紅時採種。將果肉捏碎用水沖洗乾淨，取出種子。可以採種後直接播種，或是裝入塑膠袋中保濕，再放入冰箱冷藏保存，直到隔年2月下旬～3月上旬播種。發芽後可漸漸移動至陽光處，讓苗株習慣日照。1年後將直根截剪移植。

　　紅花品種等園藝品種就算播種繁殖，也幾乎無法培育出和親本相同性質的苗株。像是紅花會變成白花等，播種後的下一代性質會出現變化，所以不建議用實生繁殖。

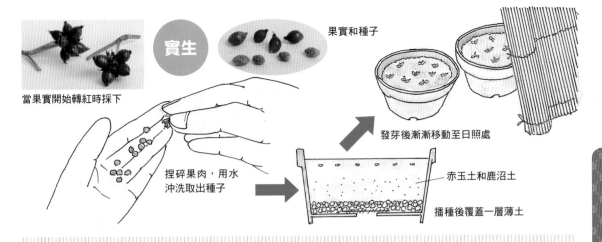

當果實開始轉紅時採下

實生

果實和種子

捏碎果肉，用水沖洗取出種子

發芽後漸漸移動至日照處

赤玉土和鹿沼土

播種後覆蓋一層薄土

藉由嫁接繁殖

2～3月及6～9月為適期。春季可使用前一年枝條密實的部分進行切接。夏至秋季可使用新梢接或新梢芽接。兩種時期的嫁接都使用花水木或四照花的2～3年生實生苗當作砧木。

藉由扦插繁殖

於6～7月使用新梢密實部分當作插穗。扦插後放置於半遮陰處管理，避免乾燥。園藝品種在扦插後可將整個盆器用塑膠袋覆蓋密閉，能有效防止乾燥。

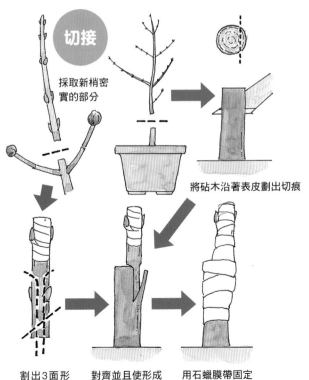

切接

採取新梢密實的部分

將砧木沿著表皮劃出切痕

割出3面形成層

對齊並且使形成層彼此密合

用石蠟膜帶固定

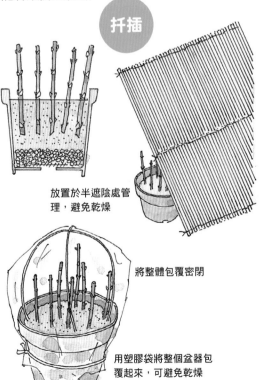

扦插

放置於半遮陰處管理，避免乾燥

將整體包覆密閉

用塑膠袋將整個盆器包覆起來，可避免乾燥

散發芳香的花之女王

玫瑰 薔薇

薔薇科薔薇屬／落葉灌～喬木（高0.1～1m）

雖然在日本的自生品種就有10種以上，不過作為庭園苗木的通常都是西洋玫瑰。四季開花的品系大致可區分為大花系（茶香雜交）、中型花品系（多花玫瑰）、迷你品系、蔓性品系。每個種類都有許多園藝品種。由雜交培育出來的古老品種則稱為古典玫瑰。

栽培月曆

月份	狀態	管理	繁殖作業	肥料	重點
1		修剪 / 大苗定植		施肥	於日照充足、通風及排水良好的場所，充分混入基肥後栽種
2			嫁接 / 扦插		
3			實生		
4					
5		新苗定植		施肥	
6	開花		扦插 / 嫁接		
7				施肥	
8					
9	開花		扦插	施肥	
10			實生		
11	花	大苗定植			
12		修剪		施肥	

栽培管理

定植的適期幼苗建議在4月下旬～6月上旬。大苗則是在11～2月。於日照充足，通風及排水良好的位置充分混入基肥後栽培。

12～2月可根據目的進行修剪。之後將開花的枝條於1/3處進行截剪，使新梢能依序長出。

病蟲害多，於生長期的4～10月可定期施灑藥劑。

藉由嫁接、扦插繁殖。可簡單利用修剪下來的枝條進行扦插。

藉由扦插繁殖

2～3月（春季扦插）、6～7月（梅雨季扦插）及9～10月上旬（秋季扦插）為適期。

春季扦插時可使用前一年枝條的密實部分，梅雨季及秋季扦插使用密實的新梢當作插穗。

插穗剪成10～15cm長度，保留兩段小葉（5片葉），下方的葉片剔除。將基部削成斜面後，插在扦插苗床上，春季及秋季扦插應放置於溫暖場所，梅雨季扦插則放置於明亮的日陰處管理，避免乾燥。

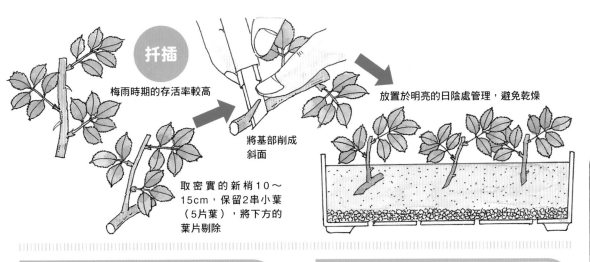

扦插

梅雨時期的存活率較高

將基部削成斜面

取密實的新梢10～15cm，保留2串小葉（5片葉），將下方的葉片剔除

放置於明亮的日陰處管理，避免乾燥

落 葉 樹

玫瑰

藉由嫁接繁殖

於2～3月使用前一年密實的枝條部分進行切接。於6～9月則是用新梢接或是芽接。砧木可使用野玫瑰的實生苗，或是扦插1～2年的苗木。

藉由實生培育砧木

用實生繁殖野玫瑰，當作砧木利用。

於秋季當果實成熟後，趁著被鳥類吃掉之前採種。用水將果肉沖洗乾淨，採種後直接播種，或是裝入塑膠袋中保濕，再放入冷藏保存，於隔年2月下旬播種。當本葉長出4～5片後即可移植。生長迅速的話，秋天就能當作砧木使用。

切接

使用野玫瑰的實生苗或嫁接1～2年生的苗木當作砧木，進行切接

將砧木挖起，切除細根

使接穗和砧木的形成層對齊貼合，再用石蠟膜帶固定

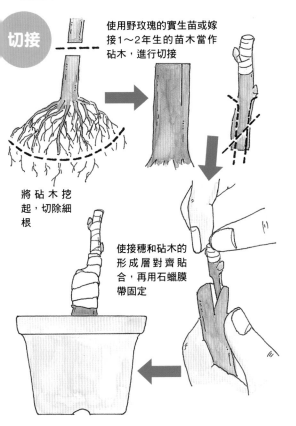

實生

種子可於採種後直接播種，或是冷藏保存避免乾燥

當果實成熟後即可採下，洗淨並去除果肉

若播種於泥炭土製的育苗盆內，就可以直接移植

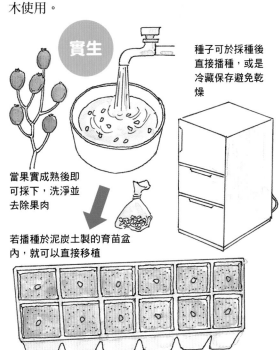

夏山茶

姬沙羅

栽培月曆

月份	狀態	管理	繁殖作業	肥料	重點
1		修剪		施肥	花芽會長在當年新長的枝條上
2		修剪／定植		施肥	
3		定植	實生		
4					
5	開花				
6	開花		扦插		
7			扦插		
8					
9					
10			實生		
11					
12			定植		

平滑且帶有光澤的樹皮非常美麗

姬沙羅／夏山茶

小夏山茶／
沙羅木

山茶科山茶屬／落葉喬木（高10～20m）

雖然姬沙羅自生於日本關東以南，但是夏山茶在東北一帶也能看到自生的植株。兩種都會在夏季開出類似山茶花的白色花朵。平滑且帶有紅褐色的樹皮紋理非常漂亮，秋天的紅葉也很美麗。夏山茶也叫做沙羅。姬沙羅的花朵、葉片都比夏山茶還要小一點。

栽培管理

定植或移植的適期為12月及2月下旬～3月。適合栽培於日照充足、排水良好，富含腐殖質的肥沃場所。

修剪的時期為1～2月，根據目的將多餘的枝條從基部剪下。花芽會結在當年生長出來的密實短枝條或中等程度枝條上。

可藉由實生、扦插來繁殖。

藉由實生繁殖

於10月左右果實便會成熟，呈現出深褐色。於果實裂開之前採下，陰乾後果實裂開就能採取種子。可於採種後直接播種，或是裝入塑膠袋中保濕，再放入冰箱冷藏保存，於隔年3月播種。將播種的苗床放置於不會遭到霜害或凍害的場所管理，避免乾燥。長出4～5片本葉後施灑稀釋的液肥，並於隔年春天移植。

姬沙羅的果實和種子

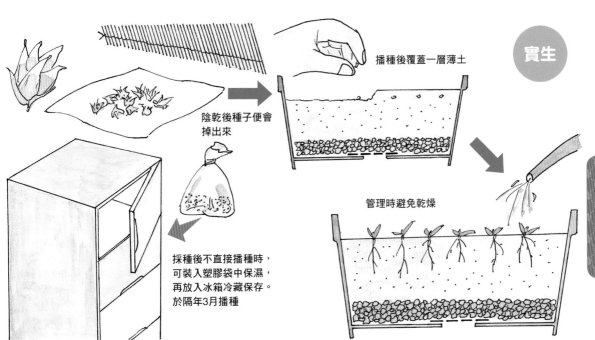

陰乾後種子便會
掉出來

播種後覆蓋一層薄土

管理時避免乾燥

採種後不直接播種時,
可裝入塑膠袋中保濕,
再放入冰箱冷藏保存。
於隔年3月播種

 藉由扦插繁殖

以6～7月的梅雨期為適期。將節間密實飽滿的新梢當作插穗。放置於明亮的日陰處管理,避免乾燥。可於扦插苗床插上支架,再覆蓋塑膠袋密閉,能有效防止乾燥。當新芽長出時,再慢慢使其習慣外界的空氣。於隔年3月移植。

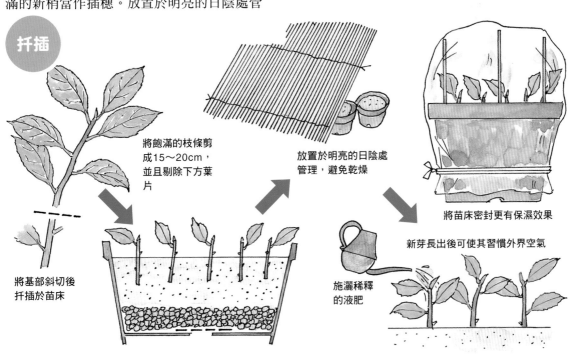

扦插

將基部斜切後
扦插於苗床

將飽滿的枝條剪
成15～20cm,
並且剔除下方葉
片

放置於明亮的日陰處
管理,避免乾燥

將苗床密封更有保濕效果

新芽長出後可使其習慣外界空氣

施灑稀釋
的液肥

栽培月曆

月份	狀態	管理	繁殖作業	肥料	重點
1			嫁接		主要於1～3月藉由嫁接繁殖
2		剪定		施肥	
3		定植	扦插 實生		
4	開花				
5					
6			扦插		
7					
8				施肥	
9					
10	熟期		實生		
11		定植			
12		剪定			

隨著5月微風搖曳的長條花房

紫藤
藤蘿、招豆藤、朱藤、藤花

豆科紫藤屬／落葉蔓性（高0.3～2m）

藍紫色的蝶形花朵盛開成一長串的花房，隨著微風搖曳的姿態既壯觀又優雅。紫藤是日本既有的花木。園藝品種也非常多，有花房較長的延藤，花朵為純白色的白花紫藤，淡桃紅色的阿知藤、花房稍短，但是花朵較大而且花色較深的山紫藤，以及年輕苗木就會開花的一歲性（早生性）紫藤等品種。

栽培管理

定植的適期為2月下旬～3月中旬以及11～12月。適合栽培於日照充足，稍微濕潤的黏質土場所。花芽會長在當年長出的飽滿短枝條的葉腋處，於隔年開花。修剪應為落葉後的12～3月左右。修剪時應確認花芽，將沒有長出花芽的長枝條於基部留下4～5個芽進行修剪。

實生及扦插並不困難，但是要等待數年才能開花，因此主要是用來培育嫁接用的砧木。紫藤大多是以嫁接來繁殖。

 藉由實生培育砧木

於10月左右當果皮呈現茶褐色時採下。將果實乾燥4～5天後果皮裂開，取出種子。採種後可直接播種，或是裝入塑膠袋中保濕，再放置於常溫保存，於3月播種。發芽後的幼苗偏大，可將較大的育苗箱或是田間當作苗床。田間可於日照充足的位置事先拌入堆肥。以10cm間隔播種，再覆蓋1～2cm的土。

隔年春天挖起幼苗，將根系剪掉一半左右後移植。

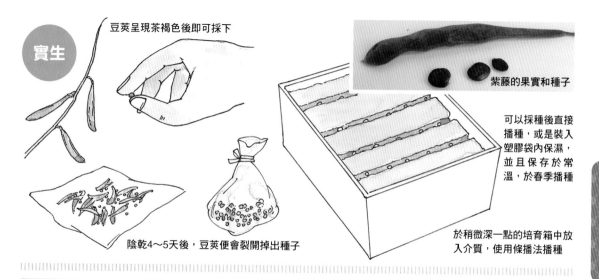

實生

豆莢呈現茶褐色後即可採下

紫藤的果實和種子

可以採種後直接播種，或是裝入塑膠袋內保濕，並且保存於常溫，於春季播種

陰乾4～5天後，豆莢便會裂開掉出種子

於稍微深一點的培育箱中放入介質，使用條播法播種

藉由扦插培育砧木

可於2月下旬～3月中旬進行春季扦插，以及6～7月進行梅雨季扦插。春季扦插使用前一年的飽滿枝條，而梅雨季扦插則是將當年長出的藤蔓剪成12～15cm，葉子剪去一半，插入扦插苗床中。放置於明亮的日陰處管理，避免乾燥。當新芽從藤蔓長出後，即可施灑稀釋液肥。於隔年的3月移植。

藉由嫁接繁殖

以1～3月為適期。將前一年枝條的茂密部分當作接穗。挑選實生或是扦插2～3年生的苗木作為砧木，進行切接。當新芽長出時，砧木的新芽也會隨之長出，這時候可將砧木的新芽剔除。

切接

使用前一年茂密的枝條部分當作接穗

將實生或是扦插經過1～2年的苗木當作砧木，進行切接

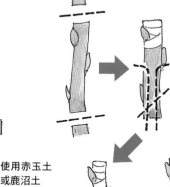

扦插

使用赤玉土或鹿沼土

將茂盛的藤蔓部分剪成12～15cm當作插穗

長出新芽後即可施灑稀釋液肥。於隔年春天移植

將接穗及砧木的形成層對齊接合，再用石蠟膜帶纏繞固定

月份	狀態	管理	繁殖作業	肥料	重點
1					利用枝條往橫向伸展的特性製作出圍籬也非常有趣
2			扦插		
3	開花		扦插		
4			定植		
5					
6					
7		修剪			
8			扦插		
9	熟期		扦插		
10					
11			定植		
12			剪定		

行道樹的王者

懸鈴木・法國梧桐 法桐、美國梧桐

懸鈴木科懸鈴木屬／落葉喬木（高15～30m）

在日本的行道樹當中，最常栽種的似乎就是懸鈴木。懸鈴木是懸鈴木屬的總稱。有原產於地中海沿岸～亞洲的三球懸鈴木（法國梧桐）、原產於美國的一球懸鈴木（美國梧桐），以及懸鈴木和美國懸鈴木的雜交品種——二球懸鈴木（英國梧桐）。行道樹幾乎都是二球懸鈴木（英國梧桐）。

栽培管理

定植的適期為3～5月及10～12月。偏好日照充足、排水良好，土壤富有腐殖質且適度濕潤的場所。耐空氣污染，任何土質都能生長。每年修剪2次，於7～8月及12月進行。枝條會往橫向伸展。於7～8月將過度伸展的枝條進行截剪，過於茂密的部分可從基部整枝，避免颱風將枝條吹斷。於落葉後的12月整理樹姿。

雖然實生也能存活，不過一般都是藉由扦插來繁殖。

藉由扦插繁殖

可分為2～3月的春季扦插，以及8～9月的夏季扦插。春季扦插可使用前一年枝條的茂密部分，而夏季扦插則是使用茂密的新梢當作插穗。剪成15～20cm，保留2～3片葉，將下方葉片剔除。保留的葉片若較大片時，可剪成一半。放置於明亮的日陰處管理，避免乾燥。長出新芽後可漸漸使其適應陽光，進行施肥管理。於隔年的3月移植。

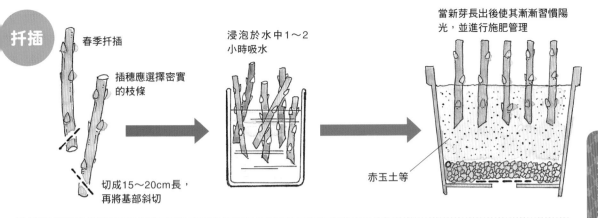

扦插

春季扦插

插穗應選擇密實的枝條

切成15～20cm長，再將基部斜切

浸泡於水中1～2小時吸水

當新芽長出後使其漸漸習慣陽光，並進行施肥管理

赤玉土等

懸鈴木和「鈴懸」及「篠懸」

懸鈴木的和名是來自於山中修行者（山伏）所穿的衣著「篠懸」。篠懸是為了避免身體附著到篠（於山上群生的細竹）上的露水，於衣服外側披上的服裝，這個服裝的正面所裝飾的玉製飾品，和懸鈴木帶有細長果柄的果實非常相似，因此取了這個名字。同時外型也很像懸吊著鈴鐺的樣子，所以也有「鈴懸」這個和名。

如同上一頁所敘述，日本都市的行道樹種類最多的就是懸鈴木，不過懸鈴木據說是在明治末期引進日本，而且最初是栽培於東京的新宿御苑。於公園及行道樹登場的則是在1904（明治37）年，由林業試驗所長白澤保美，將苗木寄贈給東京市內的公園而掀起開端（上方的照片就是新宿御苑的老樹木。粗大的枝條

從蒼勁的樹幹往縱橫向伸展）。

懸鈴木的樹木圍籬應用

「不和朋友說話的懸鈴小徑」，有如日本演歌《懸鈴之徑》中的歌詞般，懸鈴木彷彿能喚起青春的篇章。樹木本身具有樹幹直立，枝條粗大且往橫向身長的特性。

由於懸鈴木是能生長至30m高的喬木，所以在自家庭院中較難以呈現出美麗樹木的並排樣貌。因此可將活用懸鈴木擁有的雅趣氛圍，創作成樹木圍籬。將枝條以十字形嫁接。將欲使其癒合部分的表皮削去，對齊形成層密合，再用石蠟膜帶纏繞固定。癒合部分的石蠟膜帶會隨著時間風化。

❶從下側往橫向伸展的枝條長出了新枝條。決定和上側伸展枝條的嫁接位置

❷決定嫁接位置後，削去上側伸展的表皮，露出形成層

❸從下側伸展枝條長出的新枝條,也將嫁接位置削去表皮,露出形成層

❹將下側長出的新枝條和上側伸展枝條的形成層對齊密合

❺壓住密合位置,再用石蠟膜帶纏繞固定。一邊延展膜帶一邊纏繞確實固定,避免枝條搖晃

❻若順利存活的話,將上方多餘的枝條切除

❼將下側長出的新枝條嫁接於上下側伸展的枝條之間,製作出圍籬

由下側伸展枝條長出的新芽。讓新芽繼續生長,之後可以和上側枝條嫁接

月份	狀態	管理	繁殖作業	肥料	重點
1	開花			施肥	修剪應於花期結束後儘早進行
2	開花		扦插	施肥	
3	開花		實生 嫁接		
4	開花				
5					
6			扦插		
7			扦插		
8			扦插		
9					
10		剪定 定值	壓條		
11		剪定 定值	壓條 實生		
12					

以豐富的花色迎接春天

木瓜梅

長壽梅、刺梅、木瓜、貼梗木瓜、草木瓜（矮性品種）

薔薇科貼梗海棠屬／落葉灌木（高1～2m）

原產於中國，日本是從江戶時代開始盛行栽培，同時也培育出許多園藝品種。從初冬開始開花，是熟為人知的迎春花卉。基本花色為白色、粉紅、紅色及緋紅色，有斑紋狀花瓣、多色花、重瓣花等豐富變化。而草木瓜是自生於日本的唯一矮性品種。

栽培管理

定植或移植的適期為9月中旬～11月。適合栽培於日照充足，土壤富含腐殖質且保濕性佳的場所。生長勢強，任何土質都能生長。

花芽於秋天開始膨大。於9月下旬～11月之間，一邊確認花芽的同時進行修剪。

目前培育出來的大多都是木瓜梅的園藝品種。實生繁殖幾乎無法直接繼承親本的特性，所以繁殖多藉由扦插進行。扦插較困難的品種則是藉由嫁接繁殖。

 藉由扦插繁殖培育砧木

2月中旬（春季扦插）及6月下旬～9月（夏季扦插）為適期。春季扦插使用前一年～3年生枝條的茂密部分，而夏季扦插使用新梢茂密的部分。

春季扦插時應放置於溫暖場所，夏季可放置於半遮陽處管理，避免乾燥。

進行肥料栽培直到隔年秋天移植。若使用2～3年生的枝條當作插穗時，只要1年就可以利用成砧木。

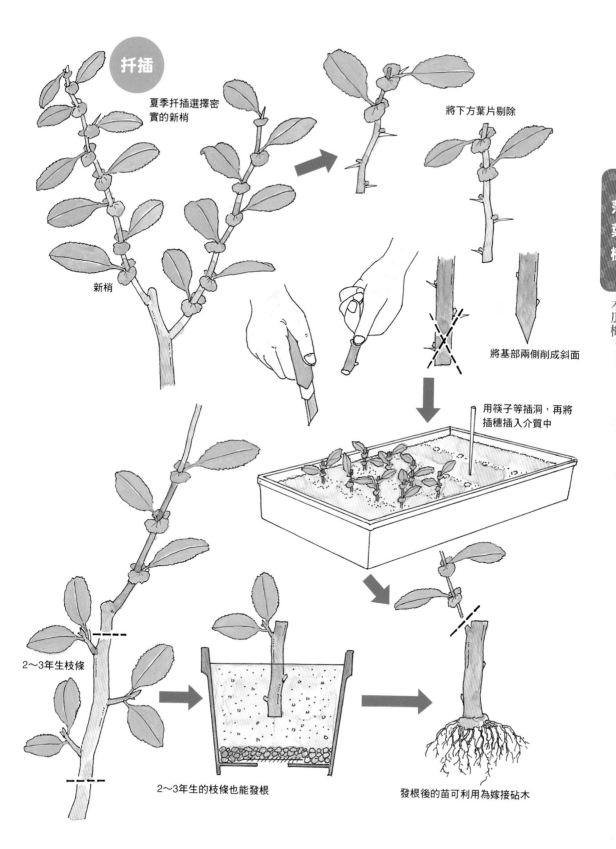

扦插

夏季扦插選擇密實的新梢

將下方葉片剔除

新梢

將基部兩側削成斜面

用筷子等插洞,再將插穗插入介質中

2～3年生枝條

2～3年生的枝條也能發根

發根後的苗可利用為嫁接砧木

落葉樹　木瓜梅

藉由嫁接繁殖

切接　不使用前端的纖細部分

於3月採取前一年枝條的茂密部分，進行切接。砧木可使用實生苗或是扦插1～3年的苗木。

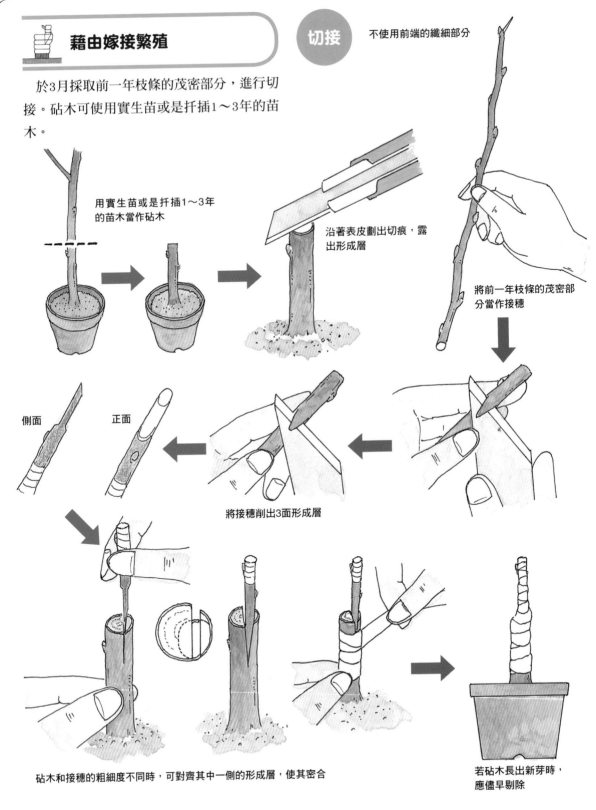

用實生苗或是扦插1～3年的苗木當作砧木

沿著表皮劃出切痕，露出形成層

將前一年枝條的茂密部分當作接穗

側面

正面

將接穗削出3面形成層

砧木和接穗的粗細度不同時，可對齊其中一側的形成層，使其密合

若砧木長出新芽時，應儘早剔除

藉由壓條繁殖

　木瓜梅屬於株立性，可藉由堆土法進行壓條繁殖。當植株長出細根後，即可和母株分離。

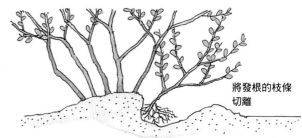

將發根的枝條切離

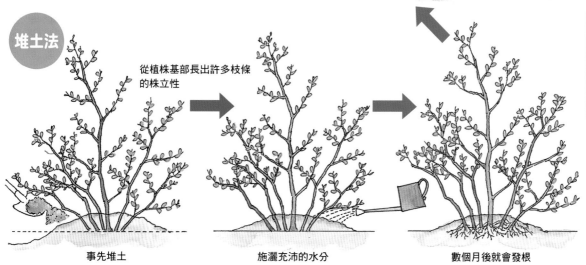

堆土法

從植株基部長出許多枝條的株立性

事先堆土　　　　　　　施灑充沛的水分　　　　　　數個月後就會發根

藉由實生培育砧木

　於11月左右當果實轉成黃色成熟後採下，取出種子。可採種後直接播種，或是裝入塑膠袋中保濕，再放入冰箱冷藏保存，於3月播種。當本葉長出4～5片時，即可施灑稀釋液肥。於隔年春天進行移植。

當果實轉黃時即可採種

實生

木瓜梅的果實

可採種後直接播種，或是裝入塑膠袋中，再放入冰箱冷藏保存，於隔年3月播種

採種後直接播種時，於3月下旬就會發芽

當本葉長出4～5片時，即可施灑稀釋液肥，放置於日照良好的場所進行施肥管理

85

栽培月曆

月份	狀態	管理	繁殖作業	肥料	重點
1		剪			修剪只要剪去多餘的枝條即可
2		定	扦插	施肥	
3		植	實生／根插		
4	開		壓		
5	花		條		
6			扦		
7			插		
8				施肥	
9					
10	熟		實生		
11	期	定			
12		剪定／植			

嬌巧可愛的紅色果實

西博氏衛矛

真弓、山錦木

衛矛科衛矛屬／落葉灌木（高1～5m）

自生於日本各地的山野。過去是將枝條當作製作弓的材料，所以在日本被稱為「真弓」。到了秋天隨著葉片轉紅時，紅色的果實會裂成4瓣，露出包覆著紅色假種皮的種子。西博氏衛矛為雌雄異株，只有雌樹會結果實。在挑選苗木時，可同時確認結果實的樣貌。

栽培管理

定植或移植的適期為11～12月以及2～3月。適合栽培於日照充足、排水良好的場所。生長勢強，任何土質都能生長。若要讓植株長出豐碩果實，重點在於日照是否充足。

若放任其生長樹形也不會過於雜亂。可於落葉期整理多餘的枝條，使樹冠內部保持適當的採光及通風即可。

可藉由實生、扦插、壓條、根插（根伏）等方法繁殖。

 ## 藉由實生繁殖

於10月左右，果實成熟並裂開中等程度時即可採取。用水沖洗紅色的假種皮，將種子取出。

可以採種後直接播種，或是裝入塑膠袋內保濕，再放入冰箱冷藏保存，於隔年春天3月播種。

西博氏衛矛屬於雌雄異株。可於第3年的開花期挑選雌樹。

實生

將紅色假種皮沖洗乾淨

若要於隔年春天播種時，可裝入塑膠袋中，放入冰箱冷藏保存

介質使用赤玉土或河砂

藉由根插法繁殖

於3月將整棵植株挖起，再把向四面伸展、直徑約1cm左右的根系，切成15～20cm長度，將根基部朝上，以露出表面2cm程度進行扦插。

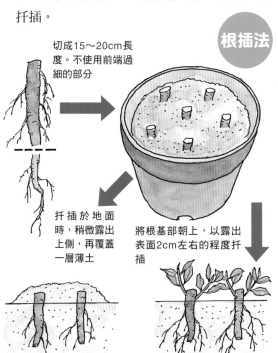

根插法

切成15～20cm長度。不使用前端過細的部分

扦插於地面時，稍微露出上側，再覆蓋一層薄土

將根基部朝上，以露出表面2cm左右的程度扦插

藉由扦插繁殖

以2～4月中旬（春季扦插）及6～8月（夏季扦插）為適期。春季扦插使用前一年枝條的茂密部分，而夏季扦插使用新梢茂密的部分。採取附著3～5片葉（葉片太大時可剪成一半）的插穗，浸泡於水中數小時吸水。春季扦插時應放置於溫暖場所，夏季可放置於半遮陽處管理，發根後慢慢移動至日照處使植株適應。

扦插

採取附著3～5片葉的插穗，葉片太大時可剪成一半

使插穗充分吸水

以葉片互相碰觸的間隔扦插

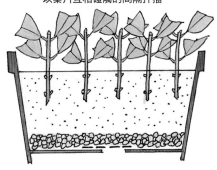

藉由壓條繁殖

4～6月為適期。進行環狀剝皮，以一般壓條法進行（參閱31頁）。

落葉樹

西博氏衛矛

87

栽培月曆

月份	狀態	管理	繁殖作業	肥料	重點
1		剪定			生長勢強，只要日照充足排水良好，在貧瘠的土壤也能生長
2				施肥	
3		定植	實生 扞插		
4					
5					
6			扞插		
7	開花				
8					
9				施肥	
10			實生		
11					
12		剪定			

於盛夏接連綻放花朵

木槿

白槿花、欄樹花、大碗花、籬障花

錦葵科木槿屬／落葉灌木（高3～4m）

原產於中國。屬於早晨開花，到了傍晚就會凋謝的一日花，不過會接連綻放花朵。於夏季至秋季之間，能長時間欣賞到外觀和朱槿（扶桑花）相似的美麗花朵。花色有白色、粉紅色、紫色、白色且中心為紅色等，種類豐富。

栽培管理

定植及移植的適期為3～4月上旬。生長勢強，只要是日照充足、排水良好的場所，不挑土質，稍微貧瘠的土壤也能生長。

花芽會在春天生長的枝條節間長出，由下往上陸續開花。因此在冬天不論修剪哪根枝條，都不用擔心會修剪到花芽。

可藉由實生或扞插繁殖。萌芽力強，所以能藉由扞插輕鬆繁殖。

藉由扞插繁殖

以3月（春季扞插）及6～8月（夏季扞插）為適期。春季扞插使用前一年枝條的茂密部分，而夏季扞插使用密實的新梢當作插穗。夏季可放置於半遮陽處管理，進行遮光。當新芽長出時，可漸漸使植株適應外界空氣。於隔年春天移植。

木芙蓉也是同屬植物

扦插

春季扦插使用前一年枝條的茂密部分

將基部削成斜面

去除前端部分，再切割為15～20cm長度

發根的扦插苗

管理時避免乾燥，大約1個月就會長出新芽

藉由實生繁殖

於10月左右，果實開始轉成黃褐色時即可採取。將手揉捏果莢，取出其中的種子。可採種後直接播種，或是裝入塑膠袋中保濕，再放入冰箱冷藏保存，於隔年3月播種。

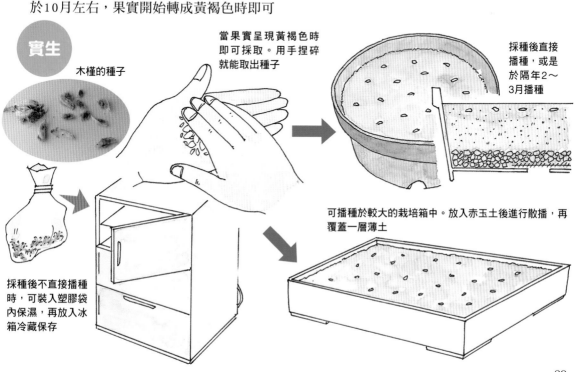

實生

木槿的種子

當果實呈現黃褐色時即可採取。用手捏碎就能取出種子

採種後直接播種，或是於隔年2～3月播種

採種後不直接播種時，可裝入塑膠袋內保濕，再放入冰箱冷藏保存

可播種於較大的栽培箱中。放入赤玉土後進行散播，再覆蓋一層薄土

楊柳

垂柳

栽培月曆					
月份	狀態	管理	繁殖作業	肥料	重點
1		剪定 定值			於落葉期進行修剪，剪下的枝條可用來扦插。其他的時期也能進行扦插繁殖
2	開花、冒新芽	定值	扦插	施肥	
3					
4					
5					
6					
7					
8					
9					
10					
11					
12		修剪 定植			

隨著微風搖曳的姿態呼喚著春天到來

楊柳／垂柳 柳樹／枝垂柳

楊柳科柳屬／落葉喬木（高8～20m）

柳樹是柳屬的總稱。最熟為人知的就是垂柳。往下垂的纖長枝條隨風搖曳的姿態，呈現出春天的季節感。雲龍柳的枝條會一邊扭轉一邊往上生長。最近極具人氣的「白露錦（五色柳）」是杞柳的變種。新梢呈現出紅色斑紋～白色。除此之外，還有花朵非常美麗的貓柳（銀柳）等許多品種。

栽培管理

定植或移植的適期為落葉期的12～3月中旬。適合栽培於日照充足，土壤富含腐殖質、適度濕潤的場所。

修剪的適期也是在落葉期的12～3月中旬。將枝條進行截剪，或是將過於雜亂的枝條從基部剪下。枝條生長旺盛，可進行強度較大的強剪。

繁殖方法以扦插法最為容易。

 ## 藉由扦插繁殖

生命力旺盛，只要將小枝條剪下插在水中，很快就能發根。一般而言會在2～3月利用修

垂柳的插穗　　　　楊柳的插穗

剪下的休眠枝條來扦插，不過其他時期也很容易發根。可扦插在赤玉土等介質的扦插苗床，也能插在水中使其發根。

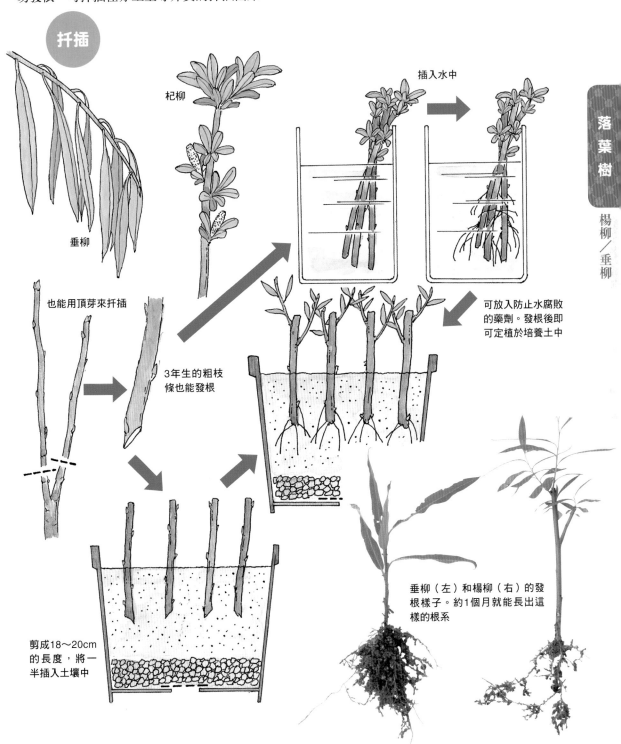

扦插

杞柳

垂柳

插入水中

也能用頂芽來扦插

3年生的粗枝條也能發根

可放入防止水腐敗的藥劑。發根後即可定植於培養土中

剪成18～20cm的長度，將一半插入土壤中

垂柳（左）和楊柳（右）的發根樣子。約1個月就能長出這樣的根系

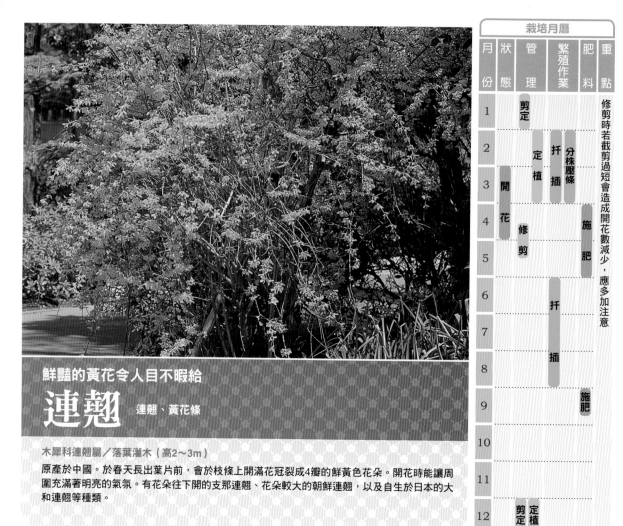

栽培月曆					
月份	狀態	管理	繁殖作業	肥料	重點
1		剪定			修剪時若截剪過短會造成開花數減少，應多加注意
2		定植	扦插 / 分株壓條		
3	開花				
4	花	修剪		施肥	
5					
6			扦插		
7					
8			插		
9				施肥	
10					
11					
12		剪定 / 定植			

鮮豔的黃花令人目不暇給

連翹 連翹、黃花條

木犀科連翹屬／落葉灌木（高2～3m）

原產於中國。於春天長出葉片前，會於枝條上開滿花冠裂成4瓣的鮮黃色花朵。開花時能讓周圍充滿著明亮的氣氛。有花朵往下開的支那連翹、花朵較大的朝鮮連翹，以及自生於日本的大和連翹等種類。

栽培管理

定植及移植的適期為12月及2～3月。適合栽培於日照充足、排水良好，以及土壤肥沃的場所。生長勢強，因此任何土質都能生長。

花芽會於新梢的各個葉腋長出。若任其生長，枝條會像藤蔓一樣伸展交纏。雖然可以進行截剪調整樹形，但是修剪太短會減少開花數量。修剪應於開花期剛結束或是12～1月進行。

可藉由扦插簡單繁殖。同時也能用分株或壓條繁殖。

 ## 藉由扦插繁殖

以2～3月（春季扦插）及6～8月（夏季扦插）為適期。春季扦插使用前一年枝條的茂密部分，而夏季扦插使用茂密的新梢，不過較粗的枝條也能充分發根。剪成15～20cm長度，保留數片葉片，將下側葉片剔除。浸泡於水中充分吸水後，插入赤玉土等扦插苗床中。

放至半遮陽處管理，避免乾燥。發芽後漸漸移動至日照處，使植株適應光線，並且進行施肥栽培。也可以扦插於水中。

扦插

扦插容易。
較粗的枝條也能發根

保留2～3片葉

水中扦插應於夏季進行

可放入防止水腐敗的藥劑

赤玉土或
鹿沼土

扦插後1個月的樣
子。若長出這種程
度的根系即可移植

藉由分株、壓條繁殖

以2～3月為適期。由於連翹是會從基部長出許多枝條的株立狀,因此可將帶有根系的枝條切離母株。

此外,只要枝條和土壤接觸就能發根。可藉由堆土法進行壓條繁殖。

分株

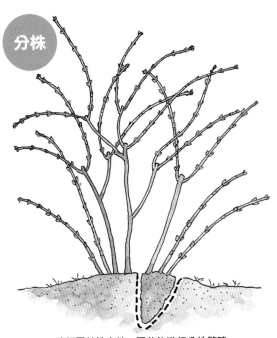

連翹屬於株立性,因此能進行分株繁殖

堆土法

枝條只要和土壤
接觸就能發根

於基部堆土

將發根的枝條切離母株

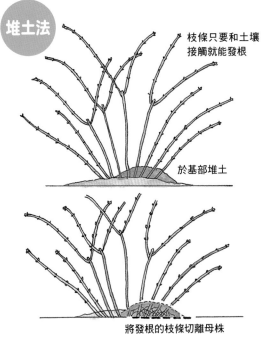

落霜紅　貓秋子草、毛仔樹

冬青科冬青屬／落葉灌木（高1～3m）

開滿於枝條的紅色果實，和薄霜一起閃耀著光芒，點綴冬天的庭院。雌雄異株。可挑選雌樹以欣賞結果實的風情。近緣種有全緣冬青和具柄冬青。定植的適期為落葉後的11～3月，整枝適期為2～3月。可藉由實生來簡單繁殖。當果實開始轉紅時即可採種，可採種後播種或是於隔年春天播種。實生繁殖約3年後就能開花。挑選雌雄株，雄株可運用於嫁接時的砧木（參閱P.132的全緣冬青）。

金雀花　金雀兒

豆科金雀兒屬／落葉灌木（高1～3m）

原產於歐洲。會在4～5月於枝條聚集開出蝶型的黃色小花。也有紅花及白花等許多園藝品種。定植的適期為4～5月上旬以及9～10月。若任其生長會讓枝條下垂，樹形凌亂。於開花後進行整枝修剪。一般而言會用扦插法繁殖。以3～4月及6～8月為適期。春季扦插可使用前一年的枝條，夏季扦插則是使用密實的當年枝條當作插穗。也可藉由實生及分株繁殖。

海棠・垂絲海棠　福建山櫻花

薔薇科蘋果屬／落葉小喬木（高2～4m）

蘋果的近緣種。也有能欣賞到果實的西府海棠（實海棠），不過一般所謂的海棠大多是指花海棠。亮紅色的花朵佈滿枝條往下盛開的姿態，在中國會用來形容美人的嬌豔。定植的適期為12～3月。整枝、修剪的適期為11月下旬～2月。一邊確認花芽的同時修整樹形。繁殖方法一般是使用嫁接法。大多以扦插1～3年生的圓葉海棠苗木當作砧木。適期為1～3月（參閱P.166的蘋果）。

金鍊樹　蘇格蘭金鍊樹

豆科毒豆屬／落葉灌木～喬木（高5～10m）

在初夏，鮮黃色的蝶形花以長串狀往下垂吊的姿態極為華麗，看起來就像紫藤花開一樣，所以在日本也有「黃藤」之別名。定植的適期為2～3月。不耐移植，所以應慎重考慮定植的場所。花芽會長在密實的短枝條上。於落葉期將長枝條進行截剪以增加短枝條，就能增加開花數量。繁殖方法一般是使用扦插法。於2月將修剪下來的長枝條，取茂盛的部位15～20cm當作插穗。

山茱萸　山萸肉、藥棗

山茱萸科山茱萸屬／落葉中喬木（高2～5m）

於早春盛開的金黃色花朵彷彿埋沒整棵植株般，所以也有別名「春黃金」，是代表春天的花木。定植只要除了嚴寒期之外，在整個落葉期都能進行。整枝的適期也是落葉期。繁殖方法為實生及嫁接法。果實到了10月便會轉紅成熟。採取果實將果肉洗淨，可採種後直接播種，或是避免乾燥保存直到隔年春天播種，不過發芽需要2年的時間。嫁接的適期為2～3月。可利用實生2～3年的苗木當作砧木。

黃櫨 煙霧樹

漆樹科黃櫨屬／落葉小喬木（高1～3m）

開花後花柄會以長絲狀伸展，於枝條前端聚集呈現煙霧狀而得其名（煙霧樹）。雌雄異株，能欣賞到煙霧狀風采的只有雌樹。雄樹就算開花也不會伸長花柄。有許多不同葉色及樹高的品種。定植的適期為3～4月上旬。修剪應於開花後立刻截剪，或是在落葉期修剪枝條，修整樹形。一般使用實生來繁殖。於7月左右將長在花柄前端的果實採下播種。會對於漆樹類過敏的人在處理時應多加注意。

日本吊鐘花 燈籠花

杜鵑花科吊鐘花屬／落葉灌木（高1～3m）

於春天在樹冠盛開吊鐘狀的小花，其樣貌非常可愛。秋天的紅葉也非常壯觀。還有紅花種等品種。定植除了嚴寒期之外，在11月中旬～4月上旬皆可進行。若想欣賞紅葉的話，應於開花後立刻進行截剪。在落葉期進行修剪以修整樹形。繁殖可藉由扦插法進行。3～4月及6～8月為適期。春季扦插使用前一年枝條的茂密部分，夏季扦插則使用密實的新梢部分當作插穗。

蠟瓣花／小葉瑞木 土佐水木／日向水木

金縷梅科蠟瓣花／落葉灌木（高1～3m）

在展葉前，會以7～8穗狀往下開出黃色小花，是早春的代表性花木。小葉瑞木整體而言比蠟瓣花更小，會從根基部叢生枝條，呈現株立狀。
定植適期除了嚴寒期以外，在落葉的12～3月都可進行。開花中也能定植。放任生長會從地面長出許多枝條。於1～2月修剪多餘的枝條，修整樹形。繁殖一般使用嫁接法。以3月中旬～下旬、6月中旬～7月，以及9月為適期。

凌霄 紫葳、苕華

紫葳科凌霄屬／落葉蔓性灌木

於猛暑中開花的花木。於下垂的枝條開出喇叭狀的橘色花朵。雖然屬於一日花，但是會從枝條的基部陸續開花，於夏季欣賞開花樂趣。會從莖部長出附著根，纏繞其他的物體或植物伸展。定植的適期為3～4月。整枝修剪的適期為落葉期的12～3月上旬。將互相纏繞的細枝條全都剪乾淨。可藉由扦插簡單繁殖。以3～4月上旬，以及6月中旬～7月上旬為適期。

山梅花 梅花空木

虎耳草科山梅花屬／落葉灌木（高2～3m）

於5～6月左右，以串狀開出帶有香氣、和梅花相似的4瓣白花。也有大花種及重瓣種等許多園藝品種。定植除了嚴寒期之外，11～3月皆為適期。在半遮陰下也能生長。就算任其生長樹形也不會過於凌亂。於落葉期將互相纏繞的枝條進行整枝。可藉由扦插簡單繁殖。以3～4月上旬、6～7月為適期。春季扦插應使用前一年茂密的枝條，夏季扦插使用當年生長的茂密枝條當作插穗。

胡枝子 山萩

豆科胡枝子屬／落葉灌木（高1～2m）

自生於日本各地的山野中，為秋季七草之一，是非常耳熟能詳的花木。定植的適期為12～3月中旬。在土壤中的萌芽較早，若於早春定植時應儘早進行。胡枝子的魅力在於花朵盛開於纖細新枝條上的樣貌。枝條數量會逐漸增加，若整棵植株呈現出凌亂感時，可適當進行疏枝。藉由分株及扦插來繁殖。扦插的適期為3月及6～7月上旬。春季扦插應使用前一年的枝條，夏季扦插可使用當年生的密實枝條當作插穗。

紫荊 裸枝樹、紫珠

豆科紫荊屬／落葉灌木（高2～4m）

在葉片長出之前，開滿於枝條的紫紅色花幾乎要將植株淹沒，為周圍帶來明亮的氛圍。花朵為豆科植物的特徵之一蝶形花。定植除了嚴寒期之外，在11～3月中旬都可進行。整枝的適期為12～2月。應確認花芽的同時修整樹形。繁殖方法以實生較為普遍。在10月左右當豆莢開始轉為褐色時取下，陰乾3天後取出種子。可採種後直接播種，或是裝入塑膠袋中保濕，再放入冰箱冷藏保存，於隔年春天播種。

醉魚草 閉魚花、魚尾草

馬錢科 魚草屬／落葉灌木（高2～4m）

於夏至秋季，會在枝條前端陸續綻開帶有香甜香氣的長花串。花色除了紫色之外，還有紅色、白色等園藝品種。定植除了嚴寒期之外，11～3月都可進行。花期結束後儘早剪下殘花，並於落葉期的11月下旬～3月進行強剪，修整樹形，促進植株長出新枝條。可藉由扦插簡單繁殖。以3～4月及5～8月為適期。春季扦插應使用前一年的茂密枝條。夏季扦插使用新梢的茂密部分枝條。

紅花七葉樹／日本七葉樹 梭欏樹、開心果、猴板栗

無患子科七葉樹屬／落葉喬木（高10～15m）

由歐洲七葉樹和美國原產的紅花美國七葉樹交配而來的品種。於5～6月在枝條前端以穗狀開出許多朱紅色小花。日本七葉樹自生於各地，過去曾作為食用植物。定植除了嚴寒期之外，11～3月中旬皆可進行。修整樹形的適期為落葉期。紅花七葉樹藉由嫁接繁殖。將日本七葉樹的實生2～3年生苗木當作砧木。適期為2～3月。日本七葉樹的實生應於10月左右果實呈現褐色時採取，採種後立刻播種。

牡丹 牡丹

芍藥科芍藥屬／落葉灌木（高1～2m）

由於華麗的樣貌，因此被視為「百花之王」。花色多樣，花形也變化豐富，大多數都是由園藝品種培育而來。定植的適期為9月下旬～11月上旬。花期結束後，應儘早將殘花剪下。不需要特別進行整枝。於冬季修剪沒有長出花芽的小枝條或多餘的枝條即可。可藉由嫁接、分株來繁殖。嫁接時使用牡丹的實生苗或芍藥的根部當作砧木。以8月下旬～9月中旬為適期。

日本金縷梅 <small>滿作、萬作</small>

金縷梅科金縷梅屬／落葉灌木～小喬木（高1.5～6m）

於早春在長出新葉之前，有如花瓣蜷曲的黃色花朵集中綻放。有紅花等許多園藝品種。定植除了11月下旬～嚴寒期之外，在開花期結束後都可進行。雖然放任生長也能維持整齊的樹形，但是植株會逐年增大。可於12～1月進行整枝修剪。藉由實生、嫁接來繁殖。嫁接時使用2～3年生的苗木當作砧木。適期為2～3月。實生於10月採種，可採種後直接播種，或是於隔年春天再播種。

日本紫珠／白棠子樹 <small>紫式部／小紫</small>

馬鞭草科紫珠屬／落葉灌木（高2～3m）

於秋天在枝條結滿帶有光澤的紫色果實，其樣貌充滿了風情，甚至用來譬喻日本女性文學家——紫式部之美，因此而得其名。而白棠子樹（小紫）整體比日本紫珠要來得小，再加上結果實的狀況較好，所以經常用來當作庭園樹木栽培。一般是藉由扦插、實生來繁殖。扦插以3月的春季扦插，以及5～9月的夏季扦插為適期。實生應於10月果實成熟時採取。

紫丁香 <small>歐丁香、洋丁香</small>

木犀科丁香屬／落葉灌木～小喬木（高2～6m）

在日本又被稱為里拉（Lilas）。里拉是法文名稱，英文名為Lilac。和名為紫丁香花。於4～5月開花，帶有花香。定植的適期為落葉期的11～2月中旬。任其生長會使植株變得雜亂。於落葉期的12～2月確認花芽，進行疏枝修剪修整樹姿。一般是藉由嫁接來繁殖。適期為2～3月。砧木可使用繁殖較容易的實生遼東水蠟樹，或是扦插1～2年生的苗木。

蠟梅 <small>然黃梅、黃梅花</small>

蠟梅科蠟梅屬／落葉灌木（高2～3m）

比春天早一步開出有如蠟質工藝品的黃色小花，帶有香氣。蠟梅的內瓣為暗紫色，花朵較小，而素心蠟梅的花比蠟梅大，花朵整體為黃色。定植適期除了嚴寒期之外，11月下旬～3月皆可進行。就算放任生長樹形也不會凌亂。於11～12月截剪不帶花芽的枝條，整理多餘的枝條，修整樹形。一般是採用嫁接繁殖。適期為2～3月。使用2～3年生的實生苗當作砧木。實生應於8月採取成熟的果實。

紫丁香的品種
「red pixy」

「育種之父」盧瑟・伯班克（Luther Burbank）的豐功偉業❶

● 伯班克馬鈴薯

有位不隸屬於任何研究機關，一生致力於培育各種實用植物的民間育種家，他就是盧瑟・伯班克（Luther Burbank）。

1849年出生於美國麻州的他，在母親家中的馬鈴薯田發現了一個馬鈴薯果實。那是當時在當地普遍栽培的品種「early rose」，因為氣候的關係，所以在當時被認為絕對無法長出種子。

剛好正在思考「不知道有沒有更優良的品種」的他，將果實內的23顆種子試著用實生來繁殖。這是在1872年所發生的事。

提出進化論的知名學者查爾斯・達爾文曾說過「所有的生物都是藉由微小的變化，以階段性進化而來，種源並非固定，而是呈現不安定的狀態。種源會因為環境而受到很大的影響，而且能夠自由變化」，他也因為這個想法受到很大的影響，期待播種後能得到變異的個體。

接著在秋天順利採收，並且發現了遠遠超過他所預想的異形馬鈴薯。有些植株長出奇妙的小型馬鈴薯，有些植株則是長出芽點凹陷的大型馬鈴薯，除此之外也有外皮紅色、粗糙，或是長出許多瘤的類型。

在這些馬鈴薯當中，他找到兩棵覺得很不錯的馬鈴薯。兩種都是大型而且外皮偏白，表面平滑均勻，是他至今未曾看過的優良馬鈴薯。

他將這些種薯重複栽培後，發現收成的馬鈴薯不但大小一致而且收穫量大，確定了親本擁有非常優良的特性。於是將此馬鈴薯命名為「伯班克馬鈴薯」，為全世界的食糧問題帶來莫大的幫助。

他把販售這個馬鈴薯品種專利所得到的錢，用來搬家到適合植物育種的加州並且開始專注於植物改良。

● 無果核的李子

得知法國有無果核李子的他，專程跑到法國取得苗木。然而取得的苗木卻非常衰弱，果實也比蔓越梅還小，而且還帶有強烈的酸味，別提生吃了，連煮熟後也無法入口。而且不完整的果核也還殘留於果實內。

因此他便立志將果核完全去除，重複和其他優良品種交配、選拔，15年後終於成功培育出完全無果核的李子品種「Conquest」。無果核的李子雖然震驚了全世界的園藝界，但是這個品種卻沒有因此而普及。很可惜的是外觀和風味差，只因為一時稀奇而就此沒落。

他在培育無果核李子的同時，也進行了一般的李子育種。從美國、歐洲、日本及中國等收集許多品種，不斷重複交配、選拔，培育出「Santa Rosa」、「Beauty」等品種。這些就是我們也很熟悉的品種。而「Santa Rosa」其實是他的農場所在地，也就是加州的地名。此外，從日本引進的「Kelsey」、「薩摩」等李子品種，對於他的育種有很大的幫助。

● 杏李（恐龍蛋）

杏李（恐龍蛋；Plumcot）是由李（plum）和杏（apricot）交配而來的雜種。在1990年代初，培育出種間雜種被視為天方夜譚的時代，他卻挑戰了這個不可能。

在連續的失敗下，連充滿毅力的他都差點要放棄。然而，拯救了他的就是日本的李子「薩摩」。他將「薩摩」和各種杏果交配，成功採收了大量的果實。

因為這個成功而重新打起精神的他，繼續重複各種交配、選拔，培育出「Rutland」、「Avex」、「Triumph」等品種。

在日本的果樹目錄當中也曾介紹過這些品種。我在自己的迷你果樹園中，也有和毛櫻桃嫁接栽培。果實兼具李和杏的優點，帶有醇和感而且非常美味。不過缺點是結果狀況較差，所以需要進一步的品種改良。對於有志育種的人而言，可說是非常棒的素材（接續142頁）。

第3章

常綠樹的繁殖方法

栽培月曆

月份	狀態	管理	繁殖作業	肥料	重點
1	熟期		實生	不需要特別施肥	偏好日陰且土壤富含腐殖質，帶有濕氣的場所
2	熟期		實生		
3	熟期	剪定	扦插嫁接		
4	開花	定植	扦插嫁接		
5	開花	定植			
6			扦插嫁接		
7			扦插嫁接		
8			扦插嫁接		
9		定植			
10		定植			
11	熟期				
12	熟期		實生		

耐遮陰的常綠樹

東瀛珊瑚

青木、東瀛珊瑚

山茱萸科桃葉珊瑚屬／常綠灌木（高1～2m）

不只是葉片，樹幹和枝條在一整年當中也呈現翠綠色，因此在日本被稱為青木。具有耐陰、耐寒性，同時也非常耐空氣污染，是遮陰處植栽不可或缺的植物之一。雌雄異株。雌樹會在晚秋至冬季結鮮豔的紅色果實，為冬天寂寥的庭院增添色彩。也有白色或帶有黃斑的品種。

栽培管理

定植或移植的適期為天氣回暖的4月中旬～5月，以及9～10月。建議栽培於日陰、土壤富含腐殖質，而且稍微帶一點溼氣的場所。避免栽培於過於乾燥的位置。雖然在全日照下也能生長，不過日陰處的葉色比較漂亮。

若放任生長也能呈現出整齊的樹形。修剪可將過長的枝條進行截剪，並且把互相纏繞的枝條進行疏枝即可。適期為萌芽前的3月。

可藉由實生、扦插、嫁接來繁殖。

藉由實生繁殖培育砧木

果實會在12月左右開始轉紅成熟，附著於枝條上直到開花期的4～5月為止。可於開始成熟的3月左右前採下，將果肉洗淨取種並且立刻播種。

放置於溫暖場所以避免遭到霜害或寒害管理，避免乾燥，於隔年春天移植。

不過，實生無法完全遺傳親本的特性，所以斑葉品種通常會用扦插或嫁接來繁殖。

將果實的果肉捏碎洗淨,取出種子

放置於不會遭到霜害的場所

約1個月左右就能發芽

藉由扦插繁殖

以3～4月(春季扦插)及6～9月(夏季扦插)為適期。春季扦插使用茂密的前一年枝條,而夏季扦插使用茂密的新梢。斑葉品種則使用出現斑葉的枝條部分。由於東瀛珊瑚為雌雄異株,所以若想要欣賞果實樣貌,可以選擇結果狀態佳的雌樹當作插穗。

藉由嫁接繁殖

於3～4月及6～9月進行切接。砧木可選擇生長旺盛的青葉品種實生苗木或扦插1～2生的苗木,也可以利用斑葉品種實生後沒有長出斑葉的苗木。

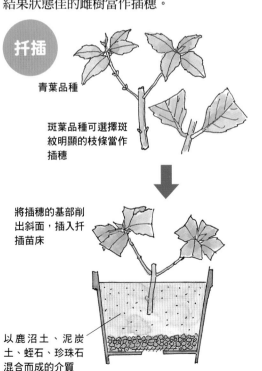

扦插

青葉品種

斑葉品種可選擇斑紋明顯的枝條當作插穗

將插穗的基部削出斜面,插入扦插苗床

以鹿沼土、泥炭土、蛭石、珍珠石混合而成的介質

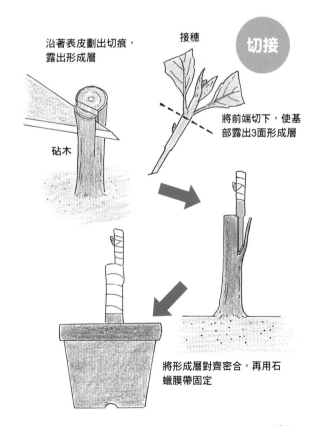

沿著表皮劃出切痕,露出形成層

接穗

切接

砧木

將前端切下,使基部露出3面形成層

將形成層對齊密合,再用石蠟膜帶固定

東北紅豆杉

伽羅木

栽培月曆

月份	狀態	管理	繁殖作業	肥料	重點
1					萌芽力旺盛，因此可進行強剪
2			扦插	施肥	
3			實生		
4		定值			
5	葉片更新				
6		修剪	扦插		
7					
8				施肥	
9	熟期	定值	實生／扦插		
10					
11		剪定			
12					

針葉群極具存在感

東北紅豆杉・伽羅木

一位、日本紅豆杉、赤柏松

紅豆杉科紅豆杉屬／常綠喬木（高10～15m）

東北紅豆杉多栽培於寒冷地區。伽羅木是東北紅豆杉的變種。在日本東北以南的都市經常可見其蹤影。相較於高大聳立的東北紅豆杉，伽羅木為株立狀，屬於往橫向伸展的灌木。東北紅豆杉的葉片是在枝條的左右成2列排列，而伽羅木則是以螺旋狀往四面展葉，非常容易區別。

栽培管理

定植的適期為3～5月下旬及9～11月。半日照處也能生長，不過建議栽培於日照充足、排水良好，土壤肥沃且富含腐殖質的場所。

萌芽力旺盛，所以可進行強剪。每年2次，分別於6月下旬～7月，以及11～12月進行修剪。

可藉由扦插、實生繁殖。雌雄異株，若要欣賞果實樂趣，可選擇雌樹來繁殖。

藉由扦插繁殖

有2～3月的春季扦插、6月中旬～7月中旬的夏季扦插，以及9～10月的秋季扦插。春季扦插使用前一年枝條的茂密部分，夏季及秋季扦插使用茂密的新梢當作插穗。想繁殖雌株時，應先確認是否能結果實後，再採取插穗繁殖。

放置於無風的半日照處管理，避免乾燥。冬季應加以保護避免凍害，於隔年春天3月即可移植。

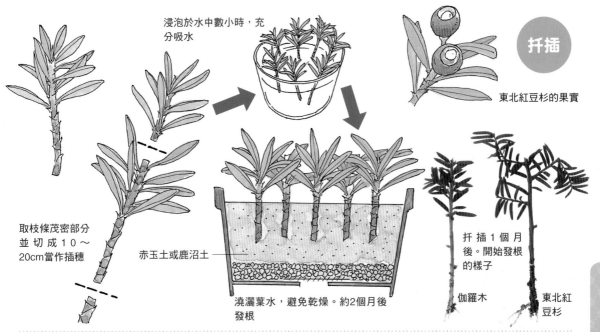

浸泡於水中數小時，充
分吸水

東北紅豆杉的果實

取枝條茂密部分
並切成10～
20cm當作插穗

赤玉土或鹿沼土

澆灑葉水，避免乾燥。約2個月後
發根

扦插1個月
後。開始發根
的樣子

伽羅木

東北紅
豆杉

藉由實生繁殖

果實在9月左右開始轉紅成熟。在果實掉落
前趁早採取。若太晚採取會讓發芽率變差。採

取後將果肉及紅色的假種皮用水沖洗乾淨，可
採種後立刻播種，或是和濕潤的水苔一起放入
塑膠袋內保濕，再放入冰箱冷藏保存，於隔年
春天播種。

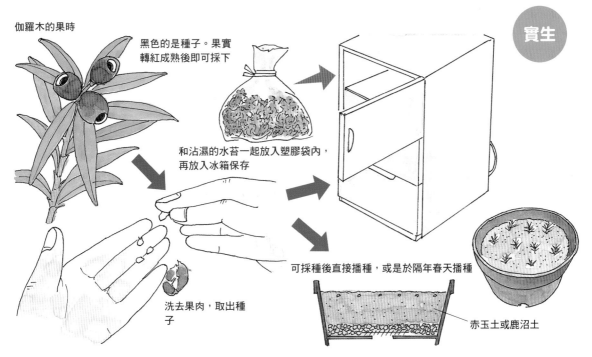

伽羅木的果時

黑色的是種子。果實
轉紅成熟後即可採下

和沾濕的水苔一起放入塑膠袋內，
再放入冰箱保存

洗去果肉，取出種
子

可採種後直接播種，或是於隔年春天播種

赤玉土或鹿沼土

月份	狀態	管理	繁殖作業	肥料	重點
1					隨時修剪，維持美麗的樹形
2			實生	施肥	
3		定值	扦插		
4					
5	開花	剪定			
6					
7			扦插		
8					
9		定植			
10	熟期		實生		
11					
12					

極耐空氣污染的庭園樹木

齒葉冬青

日本冬青、犬拓植

冬青科冬青屬／常綠小喬木（高1～6m）

一般所謂的冬青（拓植），是葉片互生的齒葉冬青（犬拓植）。而小葉黃楊（拓植）的葉片為對生，所以能簡單判別。由於齒葉冬青（犬拓植）的葉片和小葉黃楊相似，因為材質較差而得其名。還有葉片較圓的豆拓植、斑葉犬拓植、新芽前端為金黃色的金芽犬拓植、枝條往上生長的掃帚犬拓植、果實會轉黃成熟的黃實犬拓植，以及會轉紅成熟的赤實犬拓植等品種。

栽培管理

生長勢強，可耐空氣污染及遮陰，所以廣泛利用於庭園植木。定植的適期為3～5月上旬及9～10月。雖然偏好半日照環境，不過在日照充足的場所也能生長良好。雖然任何土質都能生長，不過由於根部細長密生，所以適合富含腐殖質的肥沃土壤。

管理重點在於隨時修剪，維持美麗的樹形。於3～10月進行2～3次的修剪。

可藉由實生、扦插輕鬆繁殖。

藉由實生繁殖

於10～11月左右，當果實呈現黑色成熟時採下。用水將果肉清洗乾淨取出種子，可採種後直接播種，或是裝入塑膠袋中保濕，放入冰箱冷藏保管，於2月下旬播種。播種後放置於不會遭到凍害的溫暖場所管理，避免乾燥。發芽後漸漸移動至陽光處使其適應，進行施肥管理。

當幼苗生長至5～10cm移植。

齒葉冬青的果實

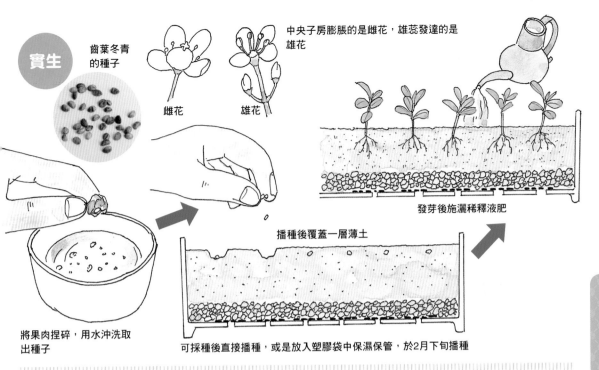

實生

齒葉冬青的種子

中央子房膨脹的是雌花，雄蕊發達的是雄花

雌花　　雄花

將果肉捏碎，用水沖洗取出種子

播種後覆蓋一層薄土

可採種後直接播種，或是放入塑膠袋中保濕保管，於2月下旬播種

發芽後施灑稀釋液肥

 藉由扦插繁殖

3～4月中旬及6月下旬～9月為適期。春季

扦插使用前一年的枝條，夏季及秋季扦插使用茂密的新梢。斑葉品種等可挑選特徵明顯的部分當作插穗。

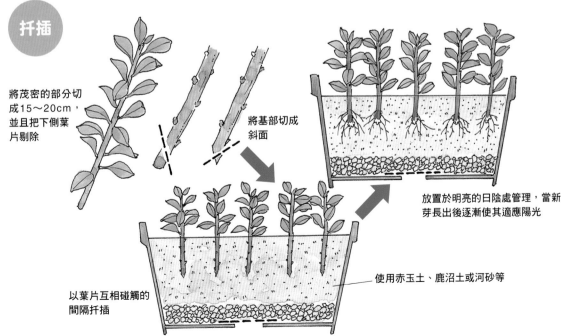

扦插

將茂密的部分切成15～20cm，並且把下側葉片剔除

將基部切成斜面

放置於明亮的日陰處管理，當新芽長出後逐漸使其適應陽光

使用赤玉土、鹿沼土或河砂等

以葉片互相碰觸的間隔扦插

105

月份	狀態	管理	繁殖作業	肥料	重點
1					每3～4年進行一次疏枝和截剪，修整樹形
2		修剪	嫁接	施肥	
3		修剪	嫁接／實生	施肥	
4	開花	定植	扦插		
5	開花	定植			
6			扦插		
7			扦插		
8			扦插		
9	熟期	定植			
10	熟期	定植	實生		
11	熟期		實生		
12		修剪	扦插		

葉片也具有觀賞價值的果樹

橄欖 橄欖

木樨科木樨欖屬／常綠小喬木（高0.3～8m）

經常於神話或聖經中登場的樹木，許多人將葉片視為和平的象徵。於春天開出帶有黃色的白色小花，花朵具有香氣。葉片表面為深綠色，葉背為銀白色，葉片非常美麗，具有觀葉樹的價值。果實一開始為綠色，到了秋天逐漸成熟後變化成黃色至黑色。果實可當作前菜、點綴或橄欖油食用及藥用。

栽培管理

定植的適期為4～5月上旬及9～10月中旬。適合栽培於日照充足、排水良好、土壤肥沃，能防止冬天乾燥季風的場所。

任其生長也能維持整齊的樹形。只要將內部的細枝條加以修剪就足夠。每3～4年一次進行疏枝和截剪，修整樹形。適期為2～3月上旬。

可藉由實生、扦插及嫁接繁殖。

 ## 藉由實生繁殖

於10月左右，果實開始轉為黑色時即可採下。用水洗去果肉，可採種後直接播種，或是裝入塑膠袋中，放置於陰涼處保管，於隔年3月播種。採種後直接播種時，應放置於不會遭到寒害或凍害的場所。

春季播種時應放置於明亮的日陰處，發芽後使植株漸漸習慣日照，施灑稀釋液肥，並且避免乾燥。於隔年4月即可移植。

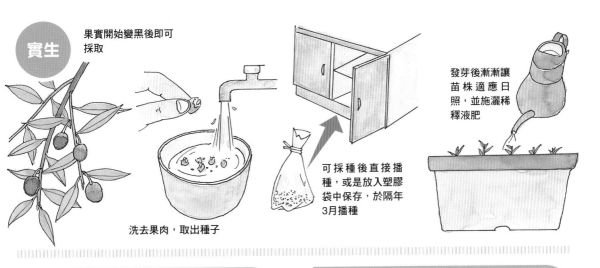

實生

果實開始變黑後即可採取

洗去果肉,取出種子

可採種後直接播種,或是放入塑膠袋中保存,於隔年3月播種

發芽後漸漸讓苗株適應日照,並施灑稀釋液肥

 ## 藉由扦插繁殖

橄欖的品種非常多,據說多達1000種以上。根據品種不同,發根的難易度也有所差異。插穗應使用茂密的新梢。以3～4月、6～9月及12月為適期。若能取得插穗的話,不妨試著扦插看看。

 ## 藉由嫁接繁殖

以1～3月為適期。使用前一年茂密的枝條當作接穗,將實生1～3年的苗木當作砧木,進行切接。

扦插

盡量從年輕的苗木採取插穗。切成15～20cm的插穗

將基部削成斜面

以葉片互相碰觸的間隔扦插

扦插後約40天。發根的個體

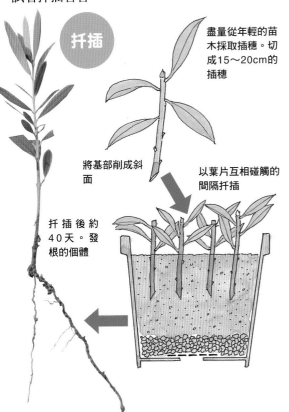

切接

將1～3年生的實生苗當作砧木,進行切接

將接穗削出3面形成層

對齊形成層使其接合

沿著表皮劃出切痕

用石蠟膜帶固定

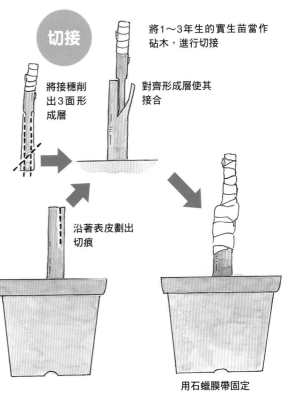

月份	狀態	管理	繁殖作業	肥料	重點
1					應栽培於日照充足、排水良好，不會吹到寒風的場所
2					
3			扦插	施肥	
4			扦插		
5			分株 / 壓條		
6		定植	壓條 / 扦插		
7			壓條 / 扦插		
8	開花		扦插		
9	開花	剪定	扦插		
10		剪定			
11				施肥	
12					

於盛夏綻放的美麗花朵

夾竹桃 夾竹桃

夾竹桃科夾竹桃屬／常綠小喬木（高3～5m）

在花朵鮮少的盛夏，於7月至9月持續盛開嬌豔花朵。葉子有如竹葉般細長，花朵則和桃花類似，因此而得其名。原產於印度。在日本栽種於東北以南地區。有花色為紅色重瓣的八重夾竹桃、白色單瓣的白花夾竹桃等許多園藝品種。

栽培管理

定植及移植的適期為天氣回暖的4月中旬～9月。屬於暖地性植物，因此建議栽種於日照充足、排水良好，不會吹到寒風的場所。任何土質都能生長。

可於花期結束後，將過於茂盛的枝條加以修剪，以促進樹冠內部的採光及通風。

會從植株基部長出許多枝條，呈現株立性。可藉由分株、壓條繁殖。扦插也能簡單繁殖。雖然不需要特別施肥，不過若要施肥時可於3月或11月施放少量肥料。

藉由扦插繁殖

以3～4月（春季扦插）及6～9月（夏季扦插）為適期。春季扦插時使用前一年的枝條或2年生枝條，夏季扦插使用茂密的新梢或前一年枝條。

水中扦插也很簡單。於5～7月將插穗放入裝水的杯子中，並放置於日照充足的室內。當根系長出20cm左右時即可定植於土壤中。

矮性品種的扦插苗

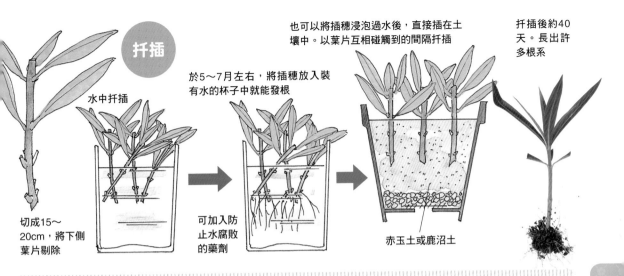

扦插

水中扦插

也可以將插穗浸泡過水後，直接插在土壤中。以葉片互相碰觸到的間隔扦插

扦插後約40天。長出許多根系

於5～7月左右，將插穗放入裝有水的杯子中就能發根

切成15～20cm，將下側葉片剔除

可加入防止水腐敗的藥劑

赤玉土或鹿沼土

 藉由分株、壓條繁殖

從植株基部長出許多枝條，生長成大棵植株

後即可進行分株。將整棵植株挖起，盡量去除土壤，分成2～3株。

壓條可將枝條埋入土壤中，再於上方堆土。發根後與母株切離定植。

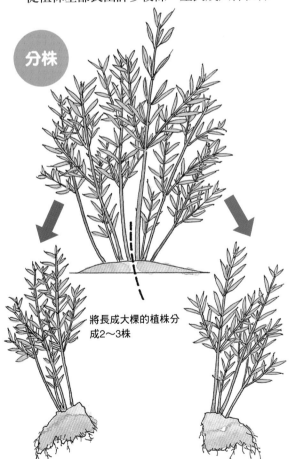

分株

將長成大棵的植株分成2～3株

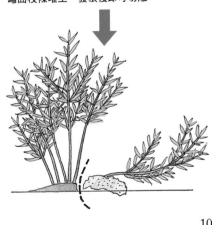

壓條

彎曲枝條堆土。發根後即可切離

109

丹桂

銀桂

散發芳香的代表性花木

桂花 木樨

木樨科木樨屬／常綠小喬木（高4～10m）

是以花朵帶有芳香而為人所知的樹木。在街道上飄散著桂花的甜美香氣時，便能感受到秋天的到來。原產於中國。在日本花朵為金黃色的丹桂最為普遍。也有花色為白色的銀桂，以及淡黃色的金桂等品種。

栽培管理

定植的適期為4～5月上旬及9～10月中旬。適合栽培於日照充足、排水良好，土壤肥沃的場所。任何土質都能生長。修剪應於剛開完花或是2～3月進行。將開過花的枝條保留2～3節，其餘修剪，可在4月時長出新枝條，並於枝條上長出花芽。

雖然屬於雌雄異株，不過引進日本的大多都是雄株。主要藉由扦插、壓條繁殖。注意若施放過多氮肥會無法開花。

 藉由扦插繁殖

以5月中旬～7月為適期。選用密實的新梢，切成15～20cm左右的長度。保留3～5片葉，並將下側葉片剔除。所保留的葉片若太大可剪成一半。

將鹿沼土、蛭石、珍珠石、泥炭土以等比例混合成扦插苗床，將插穗插入苗床中，放置於明亮的日陰處管理，避免乾燥。用塑膠袋覆蓋扦插苗床密封，可提高存活率。於隔年春天移植。

扞插

將茂密的新梢剪成15～20cm，並剔除下側葉片

以葉片互相碰觸的間隔扞插

丹桂的花

將基部削成斜面

赤玉土或鹿沼土

將苗床密封。可提升存活率

藉由壓條繁殖

於4～8月進行高空壓條法。

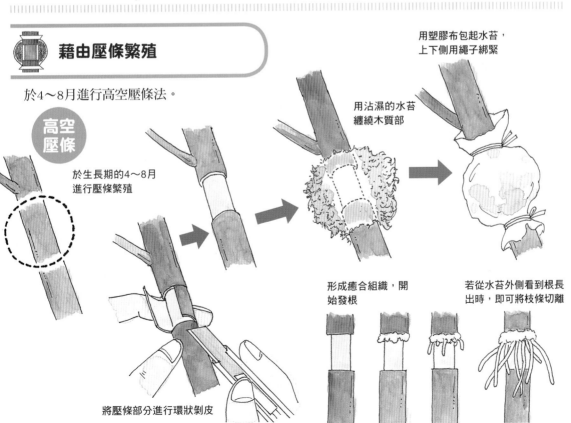

高空壓條

於生長期的4～8月進行壓條繁殖

將壓條部分進行環狀剝皮

用沾濕的水苔纏繞木質部

用塑膠布包起水苔，上下側用繩子綁緊

形成癒合組織，開始發根

若從水苔外側看到根長出時，即可將枝條切離

月份	狀態	管理	繁殖作業	肥料	重點
1					要特別注意會將葉片啃食殆盡的蝶蛾幼蟲。發現後應立刻捕殺
2				施肥	
3					
4					
5		定植	壓條分株		
6	開花	修剪	扦插		
7					
8		定植	壓條分株	施肥	
9					
10	熟				
11	期				
12					

散發甜美香氣的花
梔子花 木丹、鮮支

茜草科梔子屬／常綠灌木（高0.2～1m）

於初夏花朵開始變少的時期，開出甜美香氣的花。果實就算成熟也不會裂開，所以在日本被稱為「無口花」。到了秋天轉為橙紅色的熟果，可作為藥或是染料利用。大花重瓣梔子是重瓣的大型花西洋品種，以屬名Gardenia為其名，普遍栽培於各地。

栽培管理

屬於暖地性植物，定植的適期為溫暖的5～6月及8月下旬～9月。適合栽培於排水良好、土壤富含腐殖質、肥沃且濕潤，以及能夠避免寒風的場所。

修剪應於花期結束後儘早進行。梔子花的天敵是蝶蛾幼蟲（大透翅天蛾的幼蟲）。只要一晚就能將整棵植株啃個精光，因此一旦發現後應立刻捕殺。

藉由扦插、壓條、分株及實生都可繁殖，一般較普遍的是扦插法。

藉由扦插繁殖

以6～8月為適期。選用茂密的新梢，切成15～20cm。保留3～5片葉，將下側葉片剔除。將插穗浸泡於水中2～3小時吸水後扦插。

放置於明亮的日陰處管理，避免乾燥。當新芽冒出時，再慢慢移動至陽光處使植株適應。

應放置於不會吹到冬季寒風的溫暖場所。

於隔年5月移植。

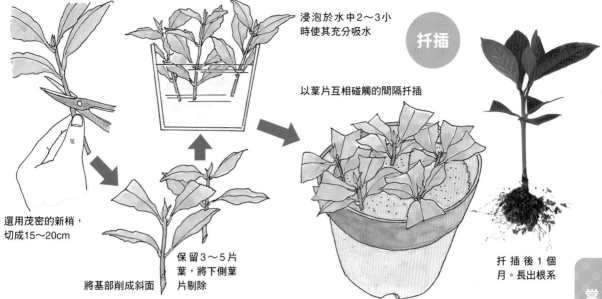

浸泡於水中2～3小時使其充分吸水

以葉片互相碰觸的間隔扦插

選用茂密的新梢，切成15～20cm

將基部削成斜面

保留3～5片葉，將下側葉片剔除

扦插後1個月。長出根系

藉由分株、壓條繁殖

會從植株基部長出枝條，呈現株立性，因此當植株長大時可挖起，分成2～3株。

壓條可於5～6月及8月中旬～9月，將植株基部長出的枝條彎曲，固定於地面並堆土。約1個月左右發根後，即可切離植株。

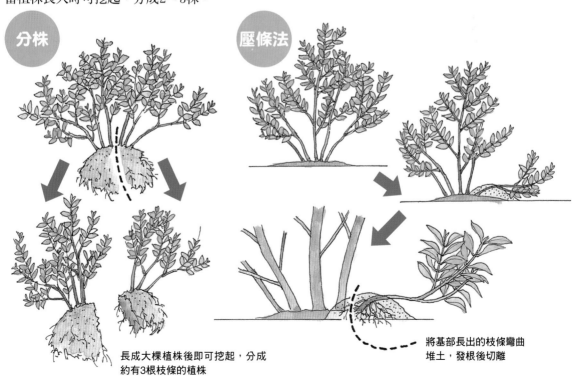

分株

壓條法

長成大棵植株後即可挖起，分成約有3根枝條的植株

將基部長出的枝條彎曲堆土，發根後切離

月份	狀態	管理	繁殖作業	肥料	重點
1				不需要特別施肥	萌芽力強，可根據目的的修剪出理想中的樹形
2			實生		
3			扦插		
4	開花		扦插 壓條		
5		定植	壓條		
6		剪定			
7			扦插		
8			扦插		
9					
10	熟期		實生		
11		修剪			
12		修剪			

香料的代表樹木

月桂 <small>月桂</small>

樟科月桂屬／常綠喬木（高5～12m）

原產於地中海沿岸地區。在古希臘會用月桂樹的枝條製作桂冠，獻給競技的勝利者，這個習俗仍傳承至今。搓揉葉片會散發出芳香。乾燥後就是香料——月桂葉。只要在新梢逐漸變硬的6～7月連同細枝條一起剪下，吊掛在日陰處乾燥，一般家庭也能簡單自製出月桂葉。

栽培管理

定植的適期為氣候回暖的4月中旬～5月。雖然日陰下也能生長，不過月桂樹本身不耐寒，所以適合栽種於能防止冬季寒風、排水良好，土壤富含腐殖質的場所。

放任其生長也能維持整齊的樹形。萌芽力強，可根據目的修剪成圓柱形或長橢圓形等。修剪的適期為6月及11～12月。

可藉由扦插、壓條、實生等繁殖。幾乎不需要施肥。

藉由扦插繁殖

以3～4月（春季扦插）及6～9月（夏季扦插）為適期，不過一整年都可進行。春季扦插應使用前一年枝條茂密的部分，而夏季及秋季扦插可使用茂密的新梢。切成10～20cm，插入扦插苗床中。密閉管理可有效防止乾燥。

插穗

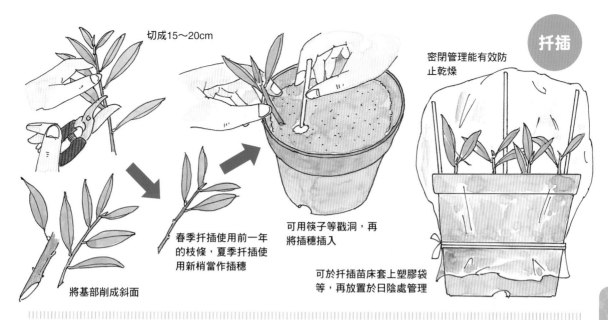

切成15～20cm

密閉管理能有效防止乾燥

春季扦插使用前一年的枝條，夏季扦插使用新梢當作插穗

將基部削成斜面

可用筷子等戳洞，再將插穗插入

可於扦插苗床套上塑膠袋等，再放置於日陰處管理

 ## 藉由壓條繁殖

月桂樹會從植株基部長出許多枝條。可於基部事先堆土，於定植的適期4月中旬～5月，將發根的枝條切離母株定植。

將枝條彎曲固定後堆土

發根後切離原有植株，定植於其他場所

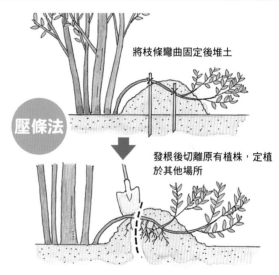

從植株基部長出枝條

事先於基部堆土

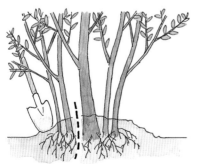

發根後將枝條切離植株定植

 ## 藉由實生繁殖

於10月左右，當果實開始轉成黑色時採下。用水將果肉洗淨，可採種後直接播種，或是裝入塑膠袋中保濕，放入冰箱冷藏保存，於2～3月中旬播種。放置於不會遭到寒害或霜害的場所管理，避免乾燥。發芽後施灑約2次液肥。於隔年4月移植。

栽培月曆

月份	狀態	管理	繁殖作業	肥料	重點
1					於5月下旬～12月之間進行3～4次枝條修剪，以維持樹形
2				施肥	
3		定植	扦插		
4					
5					
6		修剪	扦插		
7					
8					
9		定植		施肥	
10					
11					
12					

常綠的葉片非常美麗

針葉樹類

金冠柏、
扁柏等針葉樹類的總稱

樟科等／常綠灌木～喬木（高1～20m）

雖然針葉樹（conifer）是松、杉、柏、紅豆杉等松柏門的總稱，不過在這當中，通常是將小型而且葉片美麗的種類稱為針葉樹。種類非常多，樹形也有直立性、圓形、匍匐性等許多類型。而葉片顏色則有黃綠色、黃金色、銀綠色、灰綠色等變化豐富。

栽培管理

定植的適期為2月中旬～5月上旬，以及9～11月。適合栽培於日照充足、通風及排水良好的場所。任何土質都能生長。雖然放任生長樹形也不會過於凌亂，不過若想要維持美麗的樹形，可於5月下旬～12月進行3～4次修剪枝條前端。

針葉樹的樹種非常多，繁殖方法也各有不同。在園藝品種當中也有無法扦插的種類，但是大部分都可藉由扦插來繁殖。只有在葉片顏色變差、生長勢衰弱時需要施肥。一般而言不需要特別施肥。

針葉樹類

❶將北美香柏的茂密枝條切成15～20cm的長度

❷將下側的葉片剔除

❸在剩下的葉片當中，將伸長過剩的葉片修除

❹根據葉片附著多寡，製作出15～20cm左右的插穗

❺用鋒利的刀子將基部削成斜面

❻扦插時注意不要傷到基部的切口，插入土壤後用手指按壓固定土壤

藉由扦插繁殖

以3～4月（春季扦插）及6～9月（夏季扦插）為適期。春季扦插選擇茂密的前一年枝條，夏季扦插選擇葉片肥厚、茂密的新梢當作插穗。切成15～20cm長度，將下側的枝葉剔除，並且用鋒利的刀子將切口削成斜面。浸泡於水中2～3小時使其充分吸水後，再插入扦插苗床中。

　　放置於不會吹到風、日照良好的場所。夏季應進行遮光。管理時避免乾燥。隔年冒出新芽時即可開始施放少量液肥。於第2年的春天移植。

扦插

夏季應進行遮光，同時避免乾燥

浸泡於水中2～3小時，使插穗充分吸水

以葉片互相碰觸的間隔扦插

月份	狀態	管理	繁殖作業	肥料	重點
1				施肥	不耐移植，所以在一開始應慎選定植的場所
2					
3	開花		扦插		
4		定植 修剪			
5					
6			扦插		
7					
8				施肥	
9		定植			
10					
11					
12					

芳香樹木的代表

瑞香

蓬萊花、風流樹、蓬萊紫

瑞香科瑞香屬／常綠灌木（高1～2m）

於春天在枝條前端集中盛開紅紫色的四瓣花。香氣就如同沈香和丁香加起來般強烈，因此在日本被稱為沈丁花。原產於中國。屬於雌雄異株，不過引進日本的大多是雄株。也有白花瑞香、斑葉瑞香等品種。

栽培管理

定植的適期為4月及9～10月。屬於暖地性植物，適合栽種於不會吹到寒風、日照充足、排水良好，土壤肥沃且富含腐殖質的場所。不耐移植，應於一開始就慎選栽種位置。

放任其生長也能維持樹形，幾乎不需要修剪。若要截剪時，可於開花後進行。

雖然不耐移植，但可藉由扦插簡單繁殖。

藉由扦插繁殖

以3～4月上旬（春季扦插）及6中旬～9月（夏季扦插）為適期。春季扦插使用剛開完花的枝條，將殘花剔除後將枝條當作插穗。夏季及秋季扦插使用茂密的新梢。頂端或中間枝條都能使用。

剪成10～15cm左右的長度，保留2～5片葉，剔除下側葉片。插在水中1～2小時充分吸水。

放置於明亮的日陰處管理，避免乾燥。冒出新芽時可漸漸使其習慣日照，並施放少量液

肥。冬天應放置於不會吹到寒風的溫暖場所。
於隔年春天4月移植。

扦插

切成15～20cm

插入水中1小時左右

頂部枝條
扦插的插
穗

中間段枝
條扦插的
插穗

不論是頂部或中間段枝條
扦插都很容易發根。保留
2～5片葉，將下側葉片
剔除

開兩種花色的品種「源平」
比起開花時期，在花蕾時期的紅白
對比更加強烈，極具觀賞價值。由
於紅花較具優勢，若任其生長會讓
整棵植株只開出紅花，應經常將白
花枝條扦插進行植株更新。

盆底放入碎石

用筷子等戳出洞，
再插入插穗

可單獨使用赤玉土、鹿沼土，或是
和蛭石、泥炭土、珍珠石以等比例
混合成介質

扦插1個月後的發根狀態

只要放置於明亮的日陰處管理，避
免乾燥，就能長出新芽

119

常綠性的山杜鵑

落葉性的蓮花杜鵑

栽培月曆

月份	狀態	管理	繁殖作業	肥料	重點
1					根系淺，偏好酸性土壤。修剪應於開完花後儘早進行
2	開	落葉定植	實生		
3	開	常綠性定植	扦插		
4	花	常綠性定植	扦插		
5	花				
6		修剪	扦插	施肥	
7			扦插		
8				施肥	
9		常綠性定植			
10		常綠性定植	實生		
11		落葉定植	實生		
12		落葉定植			

擁有豐富的品種
杜鵑／皋月杜鵑
映山紅、滿山紅、躑躅

杜鵑花科杜鵑花屬／常綠、落葉灌木（高0.5〜3m）

日本的杜鵑花種類豐富，甚至被認為擁有世界最多的品種。大致上可區分為山杜鵑及久留米杜鵑等常綠性杜鵑，以及蓮花杜鵑、三葉杜鵑等落葉性杜鵑兩種。而皋月杜鵑是杜鵑的一種。一般而言是用「春天開花的是杜鵑，於初夏盛開的則是皋月杜鵑」來區別。

栽培管理

　　常綠性杜鵑定植的適期為3〜6月及9〜11月，而落葉性杜鵑的適期則是落葉期。適合栽培於日照充足、排水良好的場所。屬於淺根性而且偏好酸性土壤，所以介質以鹿沼土或泥炭土最為合適。

　　修剪應於開完花後儘早進行。若太晚修剪會使隔年的花況變差。

　　雖然扦插繁殖非常容易，但是落葉性的蓮花杜鵑及三葉杜鵑類，扦插較難以發根，因此藉由實生來繁殖。

藉由扦插繁殖

　　以3月中旬〜4月（春季扦插）及6〜7月（梅雨季扦插）為適期。春季扦插使用前一年的茂密枝條。梅雨季扦插使用茂密的新梢。如果是開出雙色花的品種，應從開出雙色花的枝條取得插穗。

　　切成8〜10cm左右的長度，剔除1/3的葉片。浸泡於水中吸水1小時後，插入扦插苗床中。

　　放置於能避開風雨、明亮的日陰處管理，避免乾燥。約10〜40天即可發根。於9月移植。

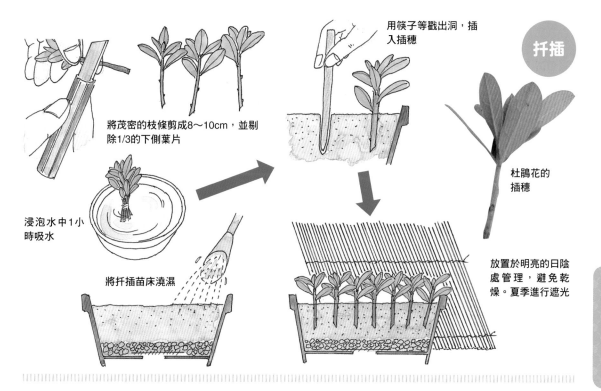

用筷子等戳出洞，插入插穗

扦插

將茂密的枝條剪成8～10cm，並剔除1/3的下側葉片

浸泡水中1小時吸水

杜鵑花的插穗

將扦插苗床澆濕

放置於明亮的日陰處管理，避免乾燥。夏季進行遮光

 藉由實生繁殖

種。放入容器內乾燥後，果實就會裂開跑出種子。可採種後直接播種，或是於乾燥的狀態下保存，於隔年春天的2～3月播種。

於10～11月左右當果實成熟帶棕色時採

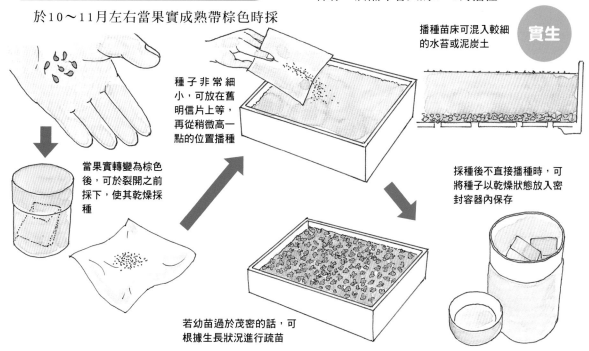

種子非常細小，可放在舊明信片上等，再從稍微高一點的位置播種

播種苗床可混入較細的水苔或泥炭土

實生

當果實轉變為棕色後，可於裂開之前採下，使其乾燥採種

採種後不直接播種時，可將種子以乾燥狀態放入密封容器內保存

若幼苗過於茂密的話，可根據生長狀況進行疏苗

茶花

山茶花

栽培月曆

月份	狀態	管理	繁殖作業	肥料	重點
1					容易出現茶毒蛾害蟲，應定期防治
2	茶花開花			施肥	
3		剪定	實生 嫁接 扦插		
4		定植			
5		定		施肥	
6			嫁接 扦插		
7					
8				施肥	
9		定植	扦插 實生		
10	茶花、山茶花開花				
11					
12		剪定			

優雅高貴的花
茶花／山茶花
椿、曼陀花

山茶科山茶屬／常綠灌木～喬木（高0.3～10m）

自古以來就是受到大眾喜愛的花卉。品種及變種非常多，花形及花色也豐富多樣。茶花大多於春天開花，花謝時整朵花會一起掉落。而山茶花主要於秋至冬季開花，花瓣會一朵朵凋落，因此能簡單區別。

栽培管理

定植的適期為4月、8月下旬～10月上旬。雖然半日照也能生長，不過建議栽種於日照及排水良好，土壤肥沃的場所。

修剪的適期為剛開完花的時期。此外，容易發生茶毒蛾危害，應定期防治。

一般而言扦插繁殖較容易，但是扦插較難發根的品種，可由嫁接或實生來繁殖。不過，實生繁殖的苗木到開花之前需要一段時間，所以實生繁殖的主要目的都是用來培育嫁接用的砧木。整年間的施肥共3次，分別是冬季施放寒肥、開花後的禮肥，以及8～9月的追肥。

藉由扦插繁殖

以3月中旬～4月上旬（春季扦插）、6月中旬～8月上旬（夏季扦插）、9月（秋季扦插）為適期。春季扦插應使用前一年的枝條，而夏季及秋季扦插則使用茂密的新梢。切成10～15cm長度，保留2～3片葉，將下側葉片剔除。葉片若太大時，可剪去1/3。放入水中2～3小時吸水後扦插。放置於明亮的日陰處管理，避免乾燥。發根後可漸漸移動至陽光處使其適應，施灑稀釋液肥。冬天應加以保護以避免遭到凍害。於隔年4月移植。

扦插

將基部削成斜面

浸泡於水中吸水2～3小時

以葉片互相碰觸的間隔扦插

將鹿沼土、泥炭土、蛭石、珍珠石以同比例混合而成

藉由嫁接繁殖

　　以3月上旬～4月上旬及6～7月為適期。春季使用前一年茂密的枝條，夏季使用茂密的新梢當作接穗。可用野山茶的實生苗或扦插培育而來的苗木當作砧木，進行切接。

藉由實生繁殖培育砧木

　　於9～10月，將部份裂開的果實採下。乾燥數天後果皮便會裂開露出種子。可採種後直接播種，或是和沾濕的水苔一起裝入塑膠袋中保濕，再放入冷藏保存，於隔年3月播種。

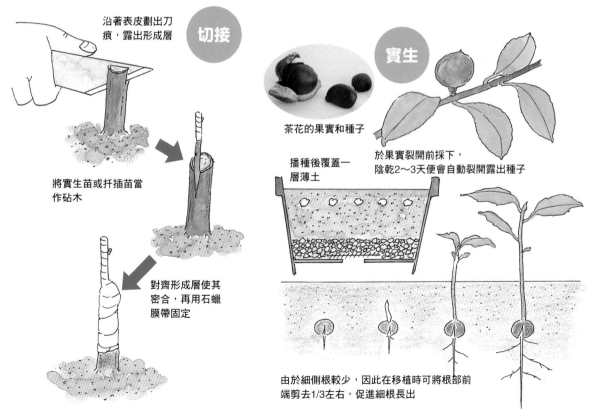

切接

沿著表皮劃出刀痕，露出形成層

將實生苗或扦插苗當作砧木

對齊形成層使其密合，再用石蠟膜帶固定

實生

茶花的果實和種子

於果實裂開前採下，陰乾2～3天便會自動裂開露出種子

播種後覆蓋一層薄土

由於細側根較少，因此在移植時可將根部前端剪去1/3左右，促進細根長出

月份	狀態	管理	繁殖作業	肥料	重點
1	熟期	剪定	實生		一旦結過果實的枝條，在3年內不會再結果實
2	熟期	剪定	實生	施肥	
3		定植	扦插 分株		
4		定植	扦插 分株		
5	開花				
6	開花				
7			扦插		
8			扦插		
9		定植	分株	施肥	
10		定植			
11	熟期	剪定	實生		
12	熟期	剪定	實生		

點綴冬天的吉祥植物

南天竹 南天竺

小檗科南天竹屬／常綠低木（高1～3m）

南天竹的日文發音和「反轉災難」相似，因此從過去就被當作吉祥、好運的植物栽培。許多人相信葉片能防止食物腐敗，並且具有消毒作用，所以常用來裝飾紅豆飯或魚類料理。到了6月會聚集開出小巧的六瓣白花。果實成熟後呈現紅色，點綴冬天寂寥的庭園。也有果實呈現黃色的白花南天，以及橙色的潤南天等品種。

栽培管理

定植的適期為3月下旬～4月中旬，以及9～10月上旬。雖然在日陰下也能生長，不過適合栽培於日照充足、排水良好的場所。任何土質都能生長。

若放任生長會讓枝條變得雜亂，應將枝幹修剪成5～7根，並且將伸展過長的枝條進行截剪。一旦結過果實的枝條，在3年內都不會再結果實。修剪可於12～3月上旬進行，剪下來的枝條也能順便當作插花材料。

可藉由扦插、實生、分株等繁殖。

藉由扦插繁殖

以2月下旬～3月（春季扦插）及6月下旬～9月（夏季扦插）為適期。春季扦插使用前一年或2～3年生的枝條，夏季扦插使用茂密的新梢。插穗選擇帶有2～3個芽狀態的枝條，並修剪成10～15cm長度。就算沒有葉片附著也沒關係。春季扦插應放置於不會受到寒害或凍害的溫暖場所，夏季扦插則放置於明亮的日陰處管理，避免乾燥。1～2個月後發根後，即可慢慢使其適應陽光。於隔年春天的3月移植。

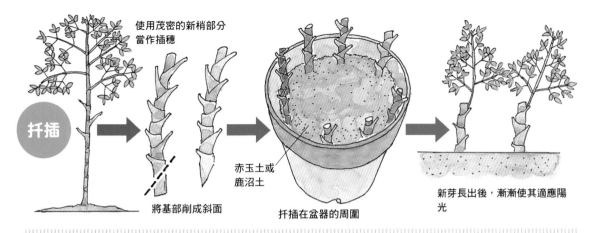

使用茂密的新梢部分當作插穗

扦插

將基部削成斜面

赤玉土或鹿沼土

扦插在盆器的周圍

新芽長出後,漸漸使其適應陽光

藉由實生繁殖

於11月～隔年2月都能採種,不過建議趁著尚未被鳥類吃掉之前採下。採取後用水將果肉沖洗乾淨,採種後立刻播種。雖然於夏季就會發芽,但是生長緩慢。可於第3年的春天移植。冬季應進行保護以避免受到寒害或凍害。

實生

果實和種子

種子為半球形

採下後將果肉捏碎,用水沖洗乾淨

赤玉土或鹿沼土

播種後覆蓋一層薄土

藉由分株繁殖

會從植株基部長出許多枝條,因此當植株長大後可整棵挖起,進行分株。

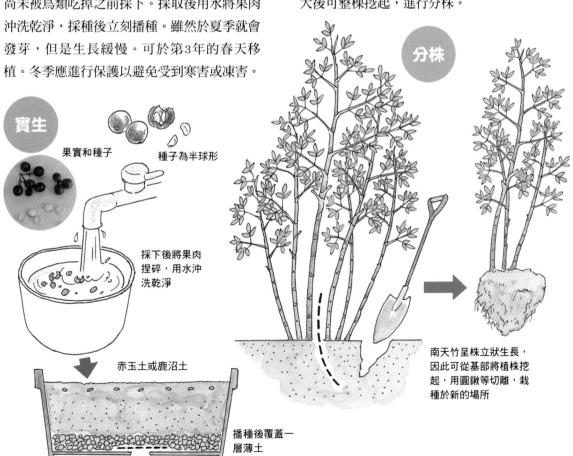

分株

南天竹呈株立狀生長,因此可從基部將植株挖起,用圓鍬等切離,栽種於新的場所

歐洲火棘

窄葉火棘

栽培月曆

月份	狀態	管理	繁殖作業	肥料	重點
1	熟期		實生		屬於暖地性植物，應栽培於日照充足，不會受到冬季寒風的場所
2		剪定	實生	施肥	
3					
4	開花	定植	扦插		
5	開花		壓條		
6			壓條		
7			扦插		
8			扦插	施肥	
9		定植		施肥	
10					
11	熟期		實生		
12	熟期		實生		

鮮豔色彩的果實點綴冬天的庭園

火棘

狀元紅、火刺木

薔薇科火棘屬／常綠灌木（高1～2m）

在冬季寂寥的季節中，於蒼綠的葉片之間結滿串狀紅色果實的火棘總是吸引目光。火棘為火棘屬的總稱。一般所稱的火棘，有秋天果實會成熟轉成橘色的窄葉火棘，以及果實成熟後呈現鮮紅色的歐洲火棘。歐洲火棘的果實較大，所以比較廣為栽培。

栽培管理

屬於暖地性植物，因此移植的適期為4月及9～10月上旬。應栽種於日照充足、排水良好，能防止冬季寒風的場所。

花芽會長在當年伸展的枝條基部的短枝條上。就算植株變大棵後，仍能充滿活力地生長枝條，不過別從枝條基部強剪，只要截剪枝條就能促進長出結果實的枝條。修剪的適期為2月。

不論是扦插、壓條、實生都能簡單繁殖。施肥為2次，分別於2月及8～9月進行。

藉由扦插繁殖

以3月中旬～4月（春季扦插），以及6～9月中旬（夏季扦插）為適期。春季扦插使用前一年的枝條或2年生枝條，而夏季扦插使用茂密的新梢。切成10～20cm左右的長度，將下側1/3的葉片剔除，插在水中1小時吸水。放置於無風、明亮的日陰處管理，避免乾燥。

約1個月左右發根。發根後可漸漸使其適應日照，並施灑稀釋液肥。於隔年春天移植，在即將萌芽前進行即可。

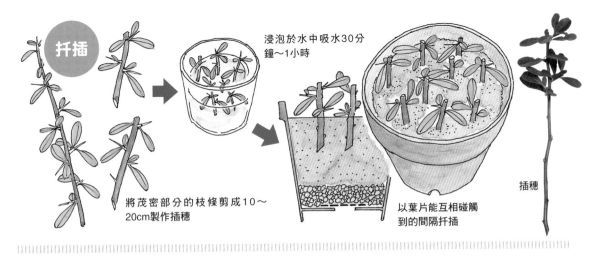

 藉由實生繁殖

於11～2月都能採取果實，不過建議趁著被鳥類吃掉前採下。用水洗去果肉，並且直接播種。當幼苗生長至5～6cm左右時即可移植。

 藉由壓條繁殖

於5～6月進行高空壓條法。

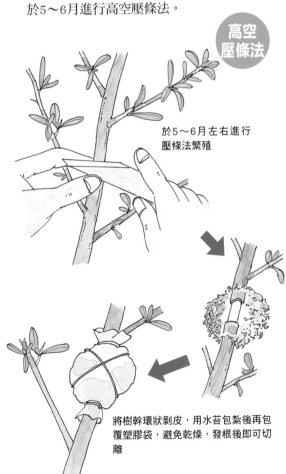

月份	狀態	管理	繁殖作業	肥料	重點
1		修剪			定植應於天氣回暖的4月中旬至9月下旬之間進行
2		修剪			
3			扦插	施肥	
4			扦插／實生		
5	開花				
6	開花				
7		定植	扦插		
8		定植	扦插		
9		定植	扦插		
10					
11		修剪			
12		修剪			

形狀獨特的鮮豔花朵

紅千層　紅毛丹樹、瓶刷子樹

桃金孃科紅千層／常綠灌木～小喬木（高1～5m）

於5～6月左右，會在枝條前端開出艷紅色的花朵。形狀和洗瓶子的毛刷相似，所以又被稱為瓶刷子樹。果實的外形很像圓形的蟲卵，前端為空洞狀，於枝條周圍木質硬化，一直附著於枝條上。作為庭園花木較普遍的是窄葉紅千層，不過也有矮性品種，而且是開花狀態佳的一歲性（早發性）紅千層。

栽培管理

　　屬於暖地性（原產於澳洲）植物，因此定植的適期為氣候回暖的4月中旬至9月。應避免冬季的寒風。適合栽培於日照充足、排水良好、土壤富含腐殖質且帶有些許黏土質的場所。就算放任生長也能維持樹形。花朵會開在充滿活力生長的新梢。於11月～隔年2月修剪樹冠內部的細枝條，促進通風及採光。

　　可藉由實生、扦插來繁殖。施肥時期為3月上旬～中旬。

藉由實生繁殖

　　開完花後，約5mm左右、扁平球狀果實會以彷彿包覆枝條般的狀態結出。外觀就好像蟲卵附著在枝條上一樣。而種子只要附著在樹木上，於2～3年之間都具有發芽力。於4月採種。將果莢捏碎後，會跑出大量的細小種子。可播種於放入小顆粒赤玉土的苗床中。放置於明亮的日陰處管理，避免乾燥。發芽後可漸漸使其適應陽光，並進行肥料栽培。苗壯的苗株大約3～4年即可開花。

藉由扦插繁殖

可分為3～4月的春季扦插，以及6～9月的

夏季扦插。春季扦插使用前一年枝條的茂密部分，夏季扦插使用茂密的新梢。花芽應事先剔除。管理時避免乾燥，冬季應加以保護以免受到寒害或凍害。於隔年春天移植。

選擇茂密的枝條

插穗的長度應為15～20cm。保留前端的葉片，下側葉片剔除

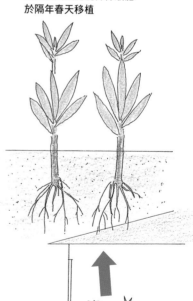

正在開花的紅千層（錦寶樹）

扦插

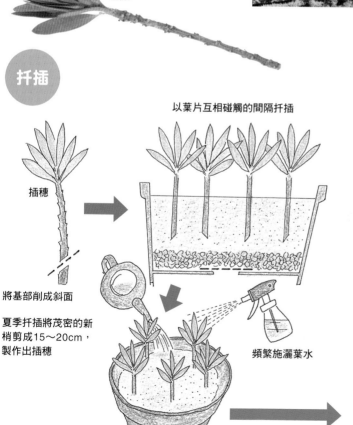

插穗

將基部削成斜面

夏季扦插將茂密的新梢剪成15～20cm，製作出插穗

以葉片互相碰觸的間隔扦插

頻繁施灑葉水

新芽長出後施灑稀釋液肥。於隔年春天移植

放置於明亮的日陰處管理，避免乾燥

栽培月曆

月份	狀態	管理	繁殖作業	肥料	重點
1					
2				施肥	
3		剪定	扦插		
4			定植		
5	開花				
6					
7			扦插		
8		剪定			
9			定植		
10	熟期				
11					
12					

於3月及8月修剪，就能欣賞到色彩鮮豔的新芽

深紅色的新芽耀眼美麗

紅葉石楠

火焰紅、千年紅、紅羅賓等

薔薇科石楠屬／常綠小喬木（高5～10m）

冒新芽的姿態以及帶有光澤的紅色嫩葉非常具有魅力。於5～6月會在細枝條上盛開許多白色小花。這時候的外觀和蕎麥的花很相似，所以在日本也有「蕎麥木」之別名。果實會在秋天紅熟。嫩葉有如燃燒般呈現出深紅色的美麗樣貌，所以也叫做火焰紅。萌芽力強，耐修剪，經常作為圍籬栽種。

栽培管理

定植的適期為4～5月上旬及9～10月上旬。適合栽種於日照充足、排水良好，土壤肥沃、富含腐殖質，且適當濕潤的場所。

萌芽時的鮮豔色彩為觀賞重點。每年2次修剪，分別於3月及8月進行，就能在春及秋季欣賞到美麗的葉色。如果強剪過度會引起枝條枯萎，應進行輕度的修剪即可。

一般而言是藉由扦插繁殖。於2月施放冬季的寒肥。

藉由扦插繁殖

有3月的春季扦插以及6～9月的夏季扦插。春季扦插使用茂密的前一年枝條，而夏季扦插使用茂密的新梢當作插穗。剪成15～20cm長度，保留3～4片葉，將下側葉片剔除。插入水中3小時吸水，再插入放有赤玉土等介質的苗床中。放置於明亮的日陰處管理，避免乾燥。

當新芽長出後，可漸漸使其適應日照，進行施肥管理。於隔年4月移植。

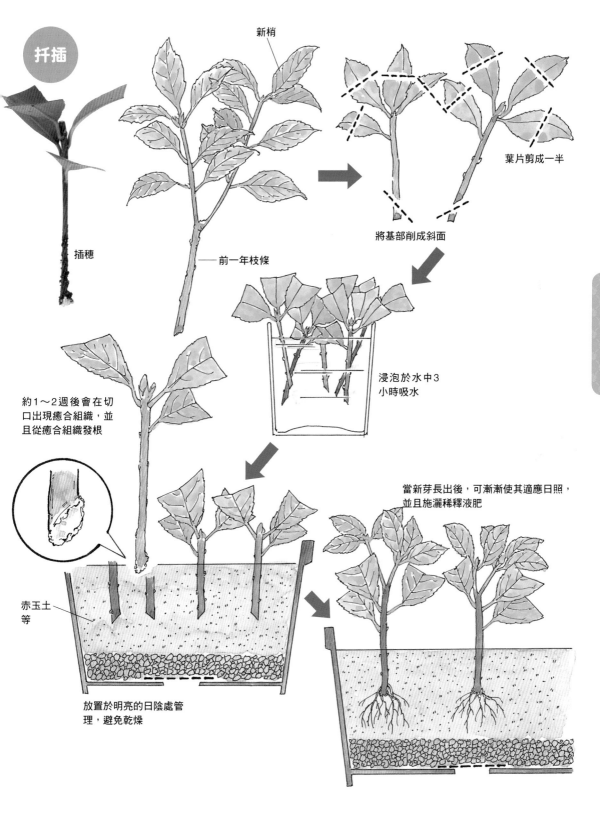

扦插

新梢

插穗

前一年枝條

葉片剪成一半

將基部削成斜面

浸泡於水中3小時吸水

約1～2週後會在切口出現癒合組織,並且從癒合組織發根

當新芽長出後,可漸漸使其適應日照,並且施灑稀釋液肥

赤玉土等

放置於明亮的日陰處管理,避免乾燥

月份	狀態	管理	繁殖作業	肥料	重點
1					每年可於7月及11月進行兩次強剪
2			嫁接	施肥	
3			實生		
4	開花	定植			
5					
6			扦插		
7		剪定			
8				施肥	
9		定植			
10	熟期				
11		剪定	實生		
12					

生活中常見的樹木
全緣冬青 黐之木

山茱萸科桃葉珊瑚屬／常綠灌木（高5～20m）

在日本會將樹皮拿來製作成捕捉小鳥的黏膠，所以被稱為黐之木。雌雄異株。於4月左右聚集開出黃綠色的小花。果實會於秋季紅熟。葉片厚且帶有光澤，通年常綠。近緣種有果實較全緣冬青少且小的鐵冬青、果實往下垂的具柄冬青，以及經常當作誘鳥植物而且很受歡迎的落霜紅。

栽培管理

定植的適期為天氣回暖的4～5月上旬或9月。耐空氣污染，雖然在日陰處也能生長，不過建議栽培於日照充足、排水良好，土壤肥沃且適度濕潤的場所。

萌芽力旺盛，可進行強剪。每年2次整枝，適期為7月及11月。夏季整枝應將伸長的枝條留下2～3節，其餘截剪。冬季則是將過於茂密部分的枝條修剪。

一般是藉由實生繁殖，但是也能夠用扦插、嫁接等方法繁殖。

藉由實生繁殖

於11月左右，當果實紅熟後即可採種。用水將果肉清洗去除乾淨，可採種後直接播種，或是裝入塑膠袋中保濕，放入冷藏保存，於隔年春天3月播種。播種後放置於明亮的日陰處管理，避免乾燥。發芽後漸漸使其適應陽光。可在第2～3年的春天移植。

全緣冬青的果實

實生

種子

播種後覆蓋一層薄土

發芽後可漸漸使其適應日照，並且施灑稀釋液肥

果實紅熟後即可採下。洗去果肉，可採種後直接播種，或是於保濕的狀態下保存，於隔年3月播種

藉由扦插繁殖

以6月中旬～7月上旬為適期。將茂密的新梢當作插穗，並將苗床密閉管理。

藉由嫁接繁殖

以2～3月為適期。將2～3年生的實生苗當作砧木，進行切接。

扦插

切接

插穗

使用新梢，切成10～15cm

密閉扦插更有效果。將扦插苗床用塑膠袋等罩起，放置於日陰處管理

可用實生或扦插2～3年生的苗木當作砧木進行切接

將接穗露出3面形成層

對齊形成層使其密合

砧木沿著表皮劃出刀痕

纏繞石蠟膜帶固定

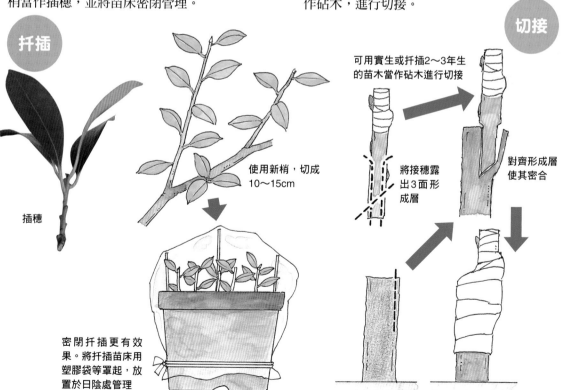

133

月份	狀態	管理	繁殖作業	肥料	重點
1					每年一次，於修剪的適期進行疏枝。應努力防治捲葉蟲的危害
2				施肥	
3			實生　扦插		
4		剪定	定植		
5					
6	開花		扦插		
7		修剪			
8				施肥	
9			定植		
10	熟期	修剪	實生		
11	熟期		實生		
12					

庭園樹木的王者

厚皮香 紅柴

山茶科厚皮香屬／常綠喬木（高10～15m）

可四季維持整齊的樹形，極具存在感的姿態甚至被視為庭園樹木的王者。此外，從過去便和全緣冬青、桂花並列為庭園樹木的鐵三角。光澤且具有厚度的葉片以輪狀生長的姿態別具風格。於6月左右會在葉腋開出白色小花。果實會在秋天紅熟。

栽培管理

厚皮香屬於暖地性的植物，因此定植的適期為天氣回暖的4～5月上旬或9月。生長勢強，是耐空氣污染及耐日陰的樹木，不若仍建議栽種於日照充足、排水良好，能避免寒風的場所。

放任其生長也能維持整齊樹形，但會長出許多小枝。於4月或6月下旬～7月，或是在10～11月之間進行1次疏枝，促進通風及採光。

可藉由實生、扦插繁殖。若生長順利的話，幾乎不需要施肥。

藉由實生繁殖

於10～11月左右果實紅熟後，於裂開之前採取，放置於日陰處陰乾2～3天後，果實便會裂開掉出種子。可採種後直接播種，或是和沾濕的河砂等一起放入塑膠袋內保濕保存，於隔年春天3月播種。到了5～6月就會發芽。於隔年春天移植。

厚皮香的果實

實生

果實紅熟後即可採取。陰乾2～3天便會裂開掉出種子。每個果實內有4顆種子

可採種後直接播種，或是於隔年3月播種。在4～5就會發芽

浸濕的河砂等

播種後覆蓋一層薄土

赤玉土或鹿沼土

紅色的種子

若採種後不直接播種時，可裝入塑膠袋內保濕保存

 ## 藉由扦插繁殖

雖然可於3月中旬～4月上旬，使用前一年的枝條進行春季扦插，不過6～7月中旬的夏季扦插存活率較高。將茂密的新梢剪成10～15cm，保留4～5片葉，將下側葉片剔除。插入水中1～2小時吸水後再扦插。放置於明亮的日陰處管理，避免乾燥。

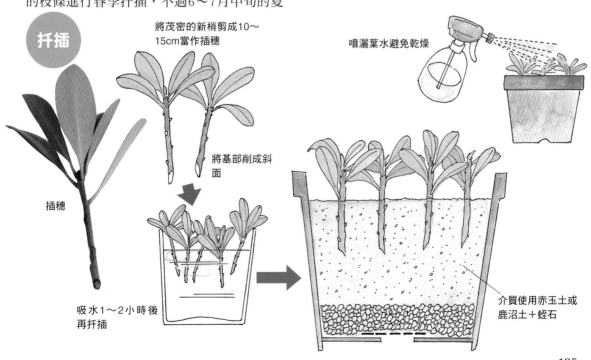

扦插

將茂密的新梢剪成10～15cm當作插穗

噴灑葉水避免乾燥

將基部削成斜面

插穗

吸水1～2小時後再扦插

介質使用赤玉土或鹿沼土＋蛭石

栽培月曆

月份	狀態	管理	繁殖作業	肥料	重點
1		修剪			雖然耐陰及耐空氣污染，但是不耐日照過於強烈、乾燥的場所
2				施肥	
3			扦插		
4	熟期		實生		
5		定植	壓條		
6					
7			扦插		
8					
9					
10	開花	剪定		施肥	
11					
12					

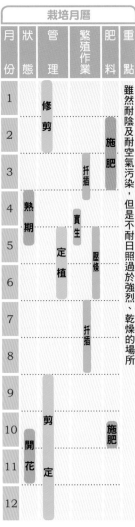

耐日陰的植物

八角金盤 八手

五加科八角金盤屬／常綠灌木（高1〜3m）

是非常耐陰的重要庭園植物。有如大手掌的葉片為其特徵，在日本也有別名「天狗的羽團扇」。到了晚秋會以球狀聚集開出白色小花，點綴庭園。有葉片帶有黃色斑紋的斑葉八角金盤。熊掌木是八角金盤和大西洋常春藤的交配品種，為觀葉植物。

栽培管理

　定植的適期為5〜6月左右。喜愛土壤富含腐殖質、濕潤的場所，不耐強烈日照及乾燥。耐陰且耐空氣污染，是位於建築物北側的庭園不可缺少的植物。經常從植株基部長出蘗枝。由3〜5根樹幹呈現出整齊的樹姿。於9月〜隔年2月將多餘的枝條修剪。

　可藉由實生、扦插、壓條繁殖。施肥共2次，分別於2〜3月及10月下旬。

 藉由實生繁殖

　於4月中旬左右，當果實轉成黑色時即可採下。用水洗去果肉，於播種苗床中放入赤玉土或鹿沼土等保水性佳的介質後即可播種。放置於日陰處管理，避免乾燥。生長緩慢。當葉片互相重疊時即可疏苗。冬天應加以保護，避免受到寒害或凍害，於第2年的5月移植。

熊掌木

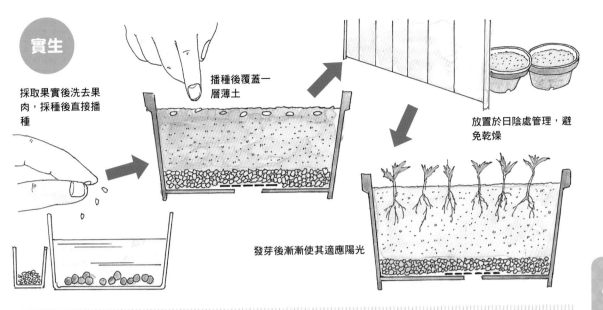

實生

採取果實後洗去果肉，採種後直接播種

播種後覆蓋一層薄土

放置於日陰處管理，避免乾燥

發芽後漸漸使其適應陽光

藉由扦插繁殖

可進行3～4月上旬的春季扦插，或是7～8月的夏季扦插。春季扦插使用前一年枝條的茂密部分。夏季扦插使用從主幹長出的側枝當作插穗。大片的葉子應盡量剔除。於扦插苗床中放入赤玉土或鹿沼土等排水性、保水性佳的介質。放置於日陰處管理，避免乾燥。生長狀況佳的苗株於隔年5月即可移植。

藉由壓條繁殖

會從植株基部長出許多枝條。於植株基部事先堆土，並且在定植的適期（5～6月），將發根的枝條切離定植。

堆土法

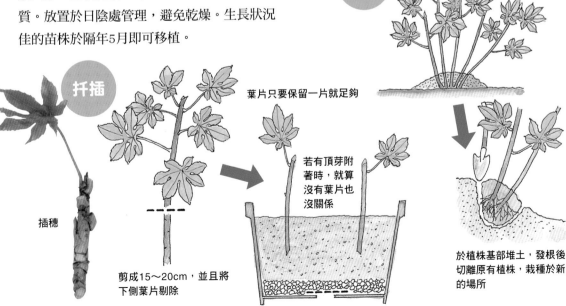

扦插

插穗

剪成15～20cm，並且將下側葉片剔除

葉片只要保留一片就足夠

若有頂芽附著時，就算沒有葉片也沒關係

於植株基部堆土，發根後切離原有植株，栽種於新的場所

137

月份	狀態	管理	繁殖作業	肥料	重點
1					可於6月下旬～7月以及11月、12月，修剪過於茂密或太長的枝條
2			實生 嫁接		
3					
4	開花	定植			
5					
6			扦插		
7		修剪	嫁接		
8					
9		定植			
10	熟期		實生		
11		剪定			
12					

於新年裝飾的好運植物

交讓木 虎皮楠

虎皮楠科虎皮楠屬／常綠喬木（高5～10m）

由於新舊葉的交替明顯，因此而得其名。經常作為新年的裝飾，以頌揚此植物的謙讓及美德。葉柄帶有一點紅色，於4～5月左右開出黃綠色的花。雌雄異株。也有葉片帶有斑紋的斑葉交讓木，葉柄為綠色的青軸交讓木等品種。

栽培管理

定植的適期為4月中旬～5月上旬，以及9～10月上旬。雖然日陰處也能生長，但仍建議栽種於日照充足、排水良好、土壤肥沃富含腐殖質，適度濕潤的場所。

放任生長也能維持整齊的樹形。修剪過於雜亂或過長枝條的適期，為6月下旬～7月，以及11～12月。

可藉由實生、扦插、嫁接來繁殖。

藉由實生繁殖

於10月左右果實開始成熟，轉變為深綠色時即可採下。用水沖去果肉，可採種後直接播種，或是裝入塑膠袋內保濕，再放入冷藏保存，於2月下旬～3月上旬播種。播種後放置於明亮的日陰處管理，避免乾燥。發芽後漸漸使其適應陽光，施灑稀釋液肥。於隔年春天移植。

交讓木的果實

交讓木的斑葉品種，青綠色的斑紋非常美麗

3種交讓木的斑葉品種。每種斑紋都不一樣。姬交讓木自生於日本本州中南部以南的溫暖地區

 藉由扦插繁殖

　　雖然也可以春季扦插，不過6月中旬～7月上旬的梅雨季扦插存活率較高。屬於雌雄異株，若想要欣賞果實的話，可將雌樹的茂密新梢當作插穗。切成10～15cm，保留3～4片葉，將下側葉片剔除。保留的葉片可將前端剪下1/3。浸泡於水中1～2小時吸水，再扦插於苗床中。

 藉由嫁接繁殖

　　於2～3月使用前一年的枝條，並且將2～3年生的實生當作砧木進行切接。此外，在6～9月也能進行新梢接或新梢芽接。也可將葉片帶有美麗斑紋的品種，嫁接在一般的青葉品種上，欣賞到不同葉片的樂趣。

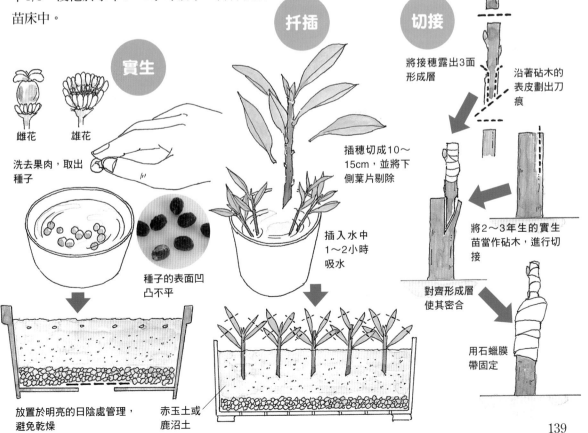

實生

雌花　雄花

洗去果肉，取出種子

種子的表面凹凸不平

放置於明亮的日陰處管理，避免乾燥

扦插

插穗切成10～15cm，並將下側葉片剔除

插入水中1～2小時吸水

赤玉土或鹿沼土

切接

將接穗露出3面形成層

沿著砧木的表皮劃出刀痕

將2～3年生的實生苗當作砧木，進行切接

對齊形成層使其密合

用石蠟膜帶固定

馬醉木 <small>梫木、台灣梫木</small>

杜鵑花科馬醉木屬／常綠灌木（高1～3m）

春天開出類似鈴蘭、以穗狀往下垂吊的白色小花。除了白花之外，也有粉紅色花等許多園藝品種。定植的適期為3～4月及10月。放任生長也能維持整齊的樹形。整枝應於花期結束後立刻進行。只要將擾亂樹形的徒長枝條或是多餘枝條加以整理即可。繁殖方法以扦插法較為容易，適期為3～4月及6～8月。春季扦插使用前一年的茂密枝條，夏季扦插則選擇充滿活力的新梢當作插穗。

大花六道木

忍冬科六道木屬／半常綠灌木（高1～2m）

於夏至秋季開出淡粉紅色的小花。可長期間欣賞到開花樣貌，帶有馨甜的微微芳香也是魅力之處。在溫暖地區為常綠，於關東以北則是半常綠或落葉。定植的適期為3～4月及9～10月。修剪為11月～3月。衝出樹冠的徒長枝條可適當截剪，修整樹形。一般是藉由扦插來繁殖。3～10月之間隨時都能進行。春季扦插應選用前一年的枝條，夏、秋季扦插則是使用茂密的新梢當作插穗。

台灣含笑／含笑 <small>烏心石、扁玉蘭</small>

木蘭科含笑屬／常綠小喬木（高3～10m）

台灣含笑（烏心石）是自生於日本的常綠喬木，雖然不具花香，但是經常作為神木栽種於神社當中。會散發類似香蕉甜味香氣的含笑，則是較廣為一般人栽培。定植的適期為氣溫較穩定的5月上旬～中旬。於開花後修剪擾亂樹形的枝條。可藉由扦插或壓條來繁殖。扦插於6～7月，採取開始變硬的新梢當作插穗。壓條則以4～8月的生長期為適期。

石楠／西洋石楠 <small>石楠花／西洋石楠花</small>

杜鵑科石楠屬／常綠灌木（高1～3m）

區分為自生於日本高山的石楠，以及於歐美經過品種改良的西洋石楠。西洋石楠的花色豐富，大多數都是園藝品種且栽培容易，經常作為庭園樹木栽培。定植的適期為2月下旬～5月、9～10月。不需要特別進行整枝。可藉由實生、嫁接、壓條來繁殖。實生繁殖時，於10月採取上色的果實，保存於冷藏，於隔年春天播種。

草珊瑚 <small>千兩</small>

金粟蘭科草珊瑚屬／常綠灌木（高1m）

於6～7月左右會在枝條前端開出許多黃綠色的小花。果實會在12～1月紅熟。定植的適期為4月及8月下旬～9月。就算任其生長也能維持整齊的樹形。於12月將沒有結果實的瘦弱枝條剪下，結果實的枝條可進行截剪，順便用來當作插花材料。可藉由扦插、實生簡單繁殖。扦插的適期為3月中旬～5月上旬，以及6月中旬～7月。春季扦插使用前一年的枝條，夏季扦插則是使用當年生的茂密枝條當作插穗。

檵木 檵木、桎木

金縷梅科檵木屬／常綠小喬木（高2～5m）

於5月左右，會在葉腋聚集開出3～5朵黃綠色的花。花朵為細條狀的四瓣花。開花狀況佳，開花期間花朵覆滿下垂的枝條，使植株整體看起來就像花冠一樣。定植的適期為4月中旬～5月上旬，以及9～10月上旬。雖然任其生長也能維持整齊的樹形，但可於開花結束後將徒長枝進行整枝。一般是藉由扦插來繁殖。適期為6～8月。選擇從春天長出的茂密枝條，切成8～10cm，稍微將下側葉片剔除後製成插穗。

九重葛 葉子花、三角花、千日紅

紫茉莉科九重葛／常綠蔓性灌木（高2～3m）

屬於熱帶性植物，看起來像花的其實是花苞。除了紅花、白花以外，也有斑葉等品種。花期為5～11月。偶爾休息的同時，於此期間持續綻放。定植的適期為5～6月。花朵會在新梢長出。當花期結束後，可將枝條截剪。一般是藉由扦插來繁殖。扦插的適期為4～9月。將茂密的新梢當作插穗。由於發根較困難，可將插穗插入裝有赤玉土或河砂的2號軟盆中，避免傷及根部。

扦插

根部容易受傷，所以建議一開始就扦插於盆中

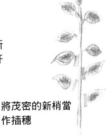

10cm
左右

將茂密的新梢當作插穗

珠砂根／紫金牛 鐵雨傘、黃金萬兩／十兩

報春花科紫金牛屬（高0.1～1m）

珠砂根會在6月左右開白花，果實於秋天紅熟。因為名稱（黃金萬兩）而被當作吉祥植物利用。紫金牛會在夏季開出白色或淡粉紅色的花，果實於秋天紅熟。會伸長地下莖延展，所以經常用來當作地被植物。定植的適期為4～5月上旬，以及8月下旬～9月。一般可藉由扦插或實生來繁殖。實生應於3～4月採取前一年的果實。紫金牛也能藉由分株來簡單繁殖。

紫金牛的果實

「育種之父」盧瑟‧伯班克（Luther Burbank）的豐功偉業❷

無刺的栗子

伯班克從小就喜歡在森林中撿栗子果實，而他也注意到栗子果實的大小會根據樹木而有所不同。

當他搬至加州後，便立刻開始了栗子樹的育種。

他認為只要將美國的栽培種、野生種，以及外國引進的各種栗子樹互相交配，就能栽培出各種不同特性的栗子樹。從日本也引進了25個栗子，這些栗子都是遠遠超乎他的預想的優良品種。

他將這些這些果實進行實生繁殖，長成適當大小後，便將所有栗子樹的成木進行嫁接。這也是運用於李子育種的方法，能大幅減少栽培至開花、結果的時間。

他把開花的植株授粉，栽培出許多雜種，並且將長出的種子播種，經過18個月後，出現了許多能結出大量大顆果實的矮性品種。在這些品種當中，還出現了四季結果的個體。

四季結果這點，和日本的「七立」（175頁）相似，但是果實的大小不同。而這棵優秀的矮性栗子樹，如今是否仍然存在。如果還能找到的話，我也想擁有一棵。

其實他是為了「如果有無刺的栗子就好了」如此率直的想法，開始了栗子樹的育種。不斷重複交配，慢慢選拔出尖刺比較少的個體。然而，幾乎沒有刺的栗子，最重要的風味卻非常差，果實不具食用價值。雖然他想要培育出美味又無刺的栗子，很可惜的是在他的有生之年無法完成這個目標。

此外，日本也有這種「無刺的栗子」，而且還能買得到。對於有志育種的人而言，無非是個很好的素材。

沙斯塔雛菊

少年時期的他非常喜歡一種叫做「法國菊」的草花。這是會在路邊開出白色單瓣花的一種野生菊花，對於農民而言是非常麻煩的雜草。

他想試著育種這個花，便從英國引進了園藝品種，同時也從德國引進野生種。

將這三種品種花了5～6年重複交配、選拔，終於成功培育出兼具花朵大小、外觀美感、花朵數豐富性、特性強烈的一株個體。只有一點他不滿意。那就是缺少了他理想中菊花的特徵，也就是清透純淨的純白性質。

他在這之後也不斷重複交配和選拔，卻都沒有出現理想中的花。當他想破頭卻找不到方法的時候，得知了自生於日本的小濱菊。

這種野生的菊花，雖然在許多特徵上都劣於法國菊，不過清透純白的花卻能充分滿足他的期待。

他將這兩種菊花交配，但是第一代卻沒有出現任何變化。然而在第二年，將這些雜種互相交配後，出現了一株他心目中理想的個體。花了好幾年終於成功將此個體固定成品種，完成了他的目標。從出現想法到公開於世，總共耗費了17年的歲月。他將這個新品種命名為「沙斯塔雛菊」。因為美麗的白花就像是從他農場能欣賞到遠方那座內華達山脈的高峰——沙斯塔高峰所堆積的白雪般純淨。

其他育種

他立志「藉由仙人掌讓沙漠再次充滿綠意」，一邊煩惱仙人掌刺棘，耗費了18年的歲月，培育出具有耐寒性、任何環境都能生長、可當作家畜的食物、生長迅速採收量多的「無刺團扇仙人掌」。

如今在巴西東北部的乾燥地帶，將這個「無刺團扇仙人掌」當作家畜飼料大規模栽培，總栽培面積多達55萬公頃。另外，在墨西哥也將這種仙人掌當作食用植物，在美國則是作為減肥食品的原料。

伯班克在77歲過世之前，不斷致力於果樹、穀物、蔬菜、牧草等各種實用植物的育種，並且推廣至世界各地。畢生為育種注入心血並非己慾，而是為了栽培出能對世界上有幫助的植物。

（參考文獻：『實驗園的伯班克』高梨菊次郎）

第4章

果樹的繁殖方法

木通

六葉野木瓜

栽培月曆

月份	狀態	管理	繁殖作業	肥料	重點
1		定植（木通）			木通、六葉野木瓜都是在當年長出的粗短枝結花芽
2		剪定		施肥	
3			實生／扦插／壓條（木通）		
4	開花	定植（六葉野木瓜）			
5					
6			扦插		
7					
8				施肥	
9	熟期		實生		
10					
11		定植（木通）			
12					

充滿野趣的秋天美味
木通／六葉野木瓜
通草／石月、郁子

木通科 木通：木通屬、蔓性落葉／六葉野木瓜：野木瓜屬、蔓性落葉

是日本秋天不可或缺的果實之一。木通為落葉藤蔓性，自生於全國各地的山野。一般的品種擁有5片小葉，也有3片小葉的三葉木通。碩大的果實會在秋天成熟為淡紫色，果皮會縱向裂開露出果肉。六葉野木瓜自生於日本關東以南的溫暖地區，屬於常綠果樹。果實和木通相似，但是成熟後果皮不會裂開。

栽培管理

木通耐寒，因此定植的適期除了嚴寒期之外，在11～3月皆可進行，而六葉野木瓜則建議在天氣回暖的4～5月。建議栽培於日照充足、排水良好的場所。任何土質都能生長。六葉野木瓜應選擇栽培於能防止冬季寒風的位置。

兩種都會在當年生長的粗短枝條上結花芽。六葉野木瓜會長出長而粗的藤蔓，可於2月將多餘的枝條從基部修剪，保留數個芽即可。

可藉由實生、扦插、壓條繁殖。施肥應於2月及8月底施放1～2個拳頭量的肥料。

藉由實生繁殖

於9月下旬左右，六葉野木瓜成熟轉為紫色採下，而木通則是在果實裂開之前採取。用水洗去果肉，可採種後直接播種，或是裝入塑膠袋中，再放入冰箱冷藏保存，於3月中旬～4月上旬播種。

播種苗床放入赤玉土及2成左右的桐生砂混合而成的介質。放置於明亮的半日照處管理，避免乾燥。長出新芽後可漸漸使其適應日照，施灑稀釋的液肥。木通可於隔年的3月中旬～

4月上旬移植。六葉野木瓜建議晚一點再移植。

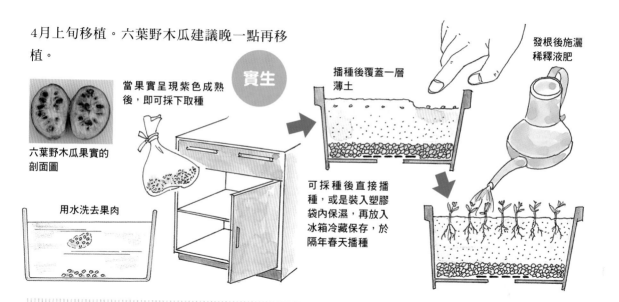

六葉野木瓜果實的剖面圖

當果實呈現紫色成熟後，即可採下取種

用水洗去果肉

實生

可採種後直接播種，或是裝入塑膠袋內保濕，再放入冰箱冷藏保存，於隔年春天播種

播種後覆蓋一層薄土

發根後施灑稀釋液肥

 藉由扦插繁殖

有3月的春季扦插以及6月中旬～7月的梅雨季扦插。春季扦插使用前一年枝條的茂密部分，而梅雨季使用茂密的新梢當作插穗。這兩種植物的扦插較難以發根。木通的發根率比六葉野木瓜還要好。

木通

扦插

將茂密的藤蔓切成10～15cm，製作出插穗

木通的扦插發根率較好

 藉由壓條繁殖

六葉野木瓜較容易藉由壓條來繁殖。將藤蔓彎曲於地面並堆土。於定植的適期（4～5月）將發根的藤蔓切離栽種。

六葉野木瓜

將藤蔓彎曲於地面並堆土

壓條法

發根後可將藤蔓切離定植

發根

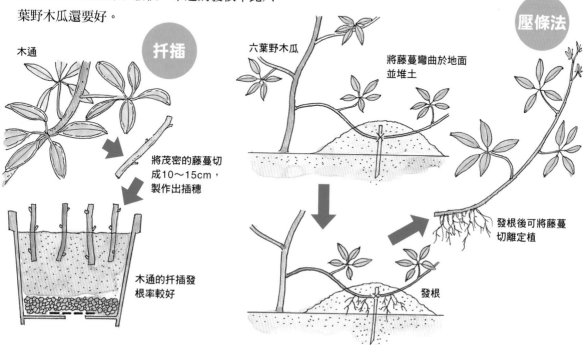

杏

李

果實和花都非常美麗

杏／李 杏桃／毛梗李

薔薇科李屬／杏：落葉喬木（高5～15m）李：落葉小喬木（高3～8m）

杏桃原產於中國，從很久以前便引進日本當作藥用栽培。於3～4月左右，會在展葉前於枝條盛開粉紅色的花。果實會在6月左右成熟轉為黃橙色。

栽培月曆

月份	狀態	管理	繁殖作業	肥料	重點
1		修剪	嫁接	不需要特別施肥	花芽大多長在短枝條上，應於修剪適期將長枝條截剪約1/3左右
2		定植			
3	開花				
4					
5					
6	熟期		嫁接		
7					
8					
9					
10					
11		定植			
12		修剪			

栽培管理

定植的適期為落葉期的11～12月以及2～3月。適合栽種於日照充足、排水良好的場所。任何土質都能生長。

花朵不太會長在長枝條上。可將長枝條截剪1/3左右，促進短枝條長出。修剪的適期為11月下旬～2月。

一般是藉由嫁接繁殖。杏桃幾乎不需要施肥。

水果乾當中常見的加州蜜黑棗，是高加索地區原產的一種西洋李。會於3月下旬～4月上旬左右開出淡紅色的花，於7月下旬～8月左右結果實。連皮直接享用的風味，可謂是家庭果樹的樂趣所在。栽培管理方式和杏、李幾乎相同。

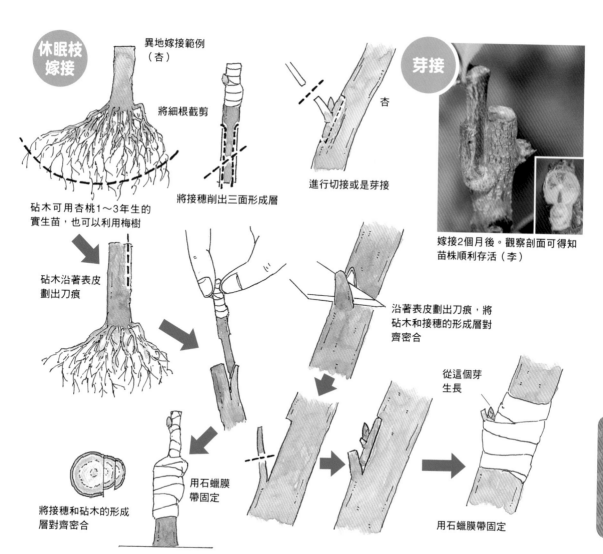

異地嫁接範例
（杏）

將細根截剪

砧木可用杏桃1～3年生的
實生苗，也可以利用梅樹

將接穗削出三面形成層

杏

進行切接或是芽接

嫁接2個月後。觀察剖面可得知
苗株順利存活（李）

砧木沿著表皮
劃出刀痕

沿著表皮劃出刀痕，將
砧木和接穗的形成層對
齊密合

從這個芽
生長

將接穗和砧木的形成
層對齊密合

用石蠟膜
帶固定

用石蠟膜帶固定

藉由嫁接繁殖

休眠枝嫁接 於1～3月進行。使用前一年的茂密枝條當作接穗。已經長出花芽的枝條不適合當作接穗。砧木可使用同樣是杏桃的實生苗，不過也能使用具有親和性的梅樹或李樹。選用1～3年生的實生苗。

進行嫁接作業時，不論是砧木處於栽培的狀態（就地嫁接）或將砧木挖起來（異地嫁接）都可行。於距離植株基部5～10cm的位置劃出刀痕，露出形成層。切下帶有1～2個芽的接穗，並且削出兩面形成層，使芽點面向砧木。將接穗插入砧木的刀痕中，對齊形成層，再纏繞石蠟膜帶固定。

新梢接 於6～8月進行。使用茂密的新梢當作接穗，進行切接。也可以使用芽接。

關於杏桃嫁接的砧木在前文已經說明，而李樹也可用相同方法繁殖。還可以藉由實生或扦插繁殖。請參考梅樹的繁殖方法（150頁）。

栽培月曆

月份	狀態	管理	繁殖作業	肥料	重點
1		剪定		施肥	要注意夏果種和秋果種的修剪方式各異
2		定植	扦插　壓條		
3					
4					
5					
6	夏果				
7					
8	秋果			施肥	
9					
10					
11					
12		剪定　定植			

栽培容易的家庭果樹
無花果
映日果、優曇缽

桑科榕屬／落葉灌木（高2～4m）

原產於中東及西亞地區。就如同出現在亞當夏娃的神話當中般，是栽培歷史悠久的植物。原本屬於暖地性植物，但是除了北海道之外，在日本全國各地都能栽培。掌葉狀的葉片外觀獨特，將枝條或樹幹切開會流出乳白色汁液。有6～7月成熟的夏果種，以及8月過後成熟的秋果種。夏果種的果實容易在梅雨季腐爛，家庭園藝較適合栽種秋果種。也有夏秋兼用的品種。

栽培管理

　　定植的適期為11月下旬～3月上旬。適合栽培於日照充足、土壤富含腐殖質且適度濕潤的場所。

　　夏果種會在當年長出的枝條前端長出小果，而小果在隔年的初夏成熟，因此要避免截剪枝條前端，以疏枝修剪為主即可。秋果種則是於春天長出的新枝條結果。每年12～3月上旬，將基部保留2個芽，在芽與芽之間截剪，促進長出新枝條。

　　施肥分成冬季的寒肥及8月下旬兩次，將油粕和骨粉以等量混合施放，或是施放顆粒狀的化學合成肥料。

 ## 藉由扦插繁殖

　　以2～3月為適期。將節間密實的前一年枝條當作插穗使用，不過2～3年生的枝條也能存活。切成15～20cm長，浸泡於水中1小時左右吸水，再插入扦插苗床中。扦插時位置應插深一點，只要露出少許上側的芽即可。將粗枝條當作插穗時，可於上側的切口塗抹癒合劑，防止乾燥。

　　放置於明亮的日陰處，發根後漸漸使其適應陽光，並進行施肥管理。於隔年3月移植。

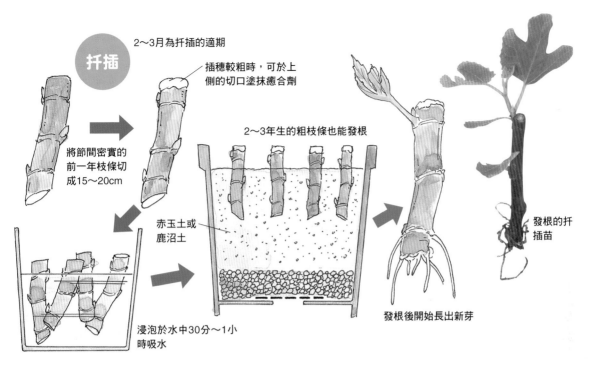

2～3月為扦插的適期

插穗較粗時，可於上側的切口塗抹癒合劑

將節間密實的前一年枝條切成15～20cm

2～3年生的粗枝條也能發根

赤玉土或鹿沼土

浸泡於水中30分～1小時吸水

發根後開始長出新芽

發根的扦插苗

藉由壓條繁殖

經常從植株基部長出枝幹。於春天堆土，發根後於3月上旬挖起栽培。

試著挖開堆土。可得知從樹幹的途中長出根系

從基部長出許多枝幹。已經堆土經過好幾個月的樣子

將枝條挖起分開並移植（圓框內為發根的樣子）

馥郁的芳香宣告春天的到來

梅 梅

薔薇科李屬／落葉小喬木～喬木（高2～8m）

比其他花木早一步盛開的花，散發著高雅馥郁的芳香。作為引領春天到來的花木，自古以來就受到喜愛。原產於中國。在日本原本是當作藥用樹木引進，之後成為觀賞用花木而為人所知。園藝品種相當多，甚至多達300種至500種。主要分為觀賞花朵的花梅，以及採取果實的果梅兩種。

栽培管理

定植的適期為12月中旬～3月上旬。雖然會因地區而異，不過葉芽會比根系還早開始活動，所以應在萌芽前定植。建議栽培於日照充足、排水良好的肥沃場所。如同「修剪櫻花的是傻瓜，不修剪梅花的是傻瓜」一說，花芽只會結在茂密的短枝條上，所以可將長枝條於12月～隔年1月截剪，促進長出短枝條。

雖然可藉由實生、扦插來繁殖，不過因為園藝品種居多，所以主要藉由嫁接來繁殖。施肥共2次，分別為落葉期及晚夏。

藉由嫁接繁殖

休眠枝嫁接　以1～3月為適期。將茂密的前一年枝條的前端及基部去除，將中間部分當作接穗。可選擇品種特性明顯的枝條。砧木使用1～2年生的實生苗或扦插苗。存活並且長出新芽後，砧木也會長出新芽，應趁早將砧木的芽剔除。

新梢接　以6～9月為適期。使用茂密的新梢當作接穗，進行切接。也可以使用芽接。

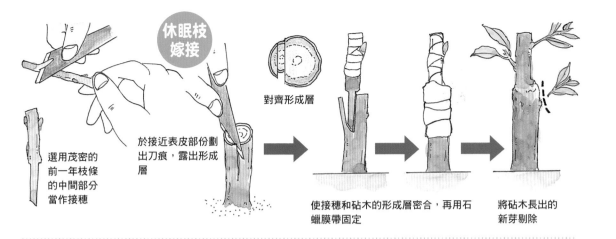

休眠枝嫁接

選用茂密的前一年枝條的中間部分當作接穗

於接近表皮部份劃出刀痕,露出形成層

對齊形成層

使接穗和砧木的形成層密合,再用石蠟膜帶固定

將砧木長出的新芽剔除

 ## 藉由實生栽培砧木

於6月採取完全成熟掉落的果實。用水洗去果肉,可採種後直接播種,或是放在土壤中保存,避免乾燥,於11～12月播種。當本葉長出5～6片後即可移植,施灑稀釋液肥。苗株長成鉛筆粗細時,即可利用成砧木。

 ## 藉由扦插繁殖栽培砧木

以3月下旬～4月上旬為適期。將前一年枝條的前端及基部去除,使用茂密的中間部分當作插穗。切成15～20cm,浸泡於水中1～2小時吸水。扦插後放置於明亮的日陰處管理,避免乾燥。1年後即可當作砧木使用。

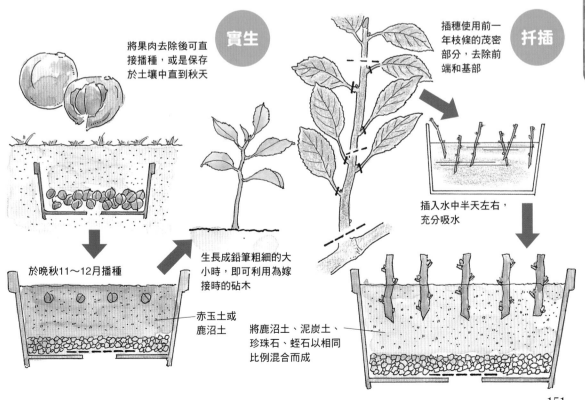

將果肉去除後可直接播種,或是保存於土壤中直到秋天

實生

於晚秋11～12月播種

生長成鉛筆粗細的大小時,即可利用為嫁接時的砧木

赤玉土或鹿沼土

插穗使用前一年枝條的茂密部分,去除前端和基部

扦插

插入水中半天左右,充分吸水

將鹿沼土、泥炭土、珍珠石、蛭石以相同比例混合而成

151

秋季的風物詩

柿子 柿子

柿樹科柿樹屬／落葉喬木（5～10m）

樹木的葉片凋落，在寂寥的庭園中結出橙黃色果實的姿態，可說是眾所熟悉的秋天象徵。植株強健而且栽培容易，經常作為庭院植物廣泛栽培。可區分為甜柿及澀柿。甜柿在寒冷地區仍會殘留澀味，因此適合栽培於關東以西地區。澀柿具有耐寒性，在日本全國都可栽培。

栽培管理

　　定植的適期為11月下旬～3月上旬。適合栽培於日照充足、排水良好的肥沃場所。

　　修剪的適期為12月～隔年2月。花芽會長在茂盛的枝條頂端，不會長在徒長枝上。此外，前一年結過果實的枝條也不會結花芽，因此可將其疏枝。同時修剪徒長枝及雜亂的細枝條。

　　雖然可由實生繁殖，不過一般都是藉由嫁接繁殖。施肥應於定植後的第2年，於冬天施放寒肥，可將油粕、骨粉等混合後施放。

藉由實生繁殖 栽培砧木

　　雖然實生繁殖簡單，但如同「桃子、栗子3年，柿子8年……」一說，從播種到結果需要相當的年數。柿子的實生繁殖主要利用為嫁接的砧木栽培。

　　不只是柿子樹，在果實的實生繁殖當中，將果肉吃完剩下的種子立刻播種也是方法之一。將完全成熟的果實水洗去除果肉，可採種後直接播種，或是裝入塑膠袋中保濕，放入冰箱冷藏保存，於2月中旬～下旬播種。避免乾燥管理，於隔年春天移植。

雄花

雌花

吃完果實後立刻播種

發芽後施灑稀釋液肥。於隔年春天就能當
作嫁接的砧木利用

赤玉土或鹿沼土

第1年的實生苗。利用於砧木

實生

藉由嫁接繁殖

休眠枝嫁接　以1～3月為適期。將前一年枝條的茂密部分當作接穗。砧木可使用2～3年生的實生苗，進行切接。從砧木長出的新芽應將其剔除。

新梢接　於6～8月將茂密的新梢當作接穗，進行切接或芽接。

切接方法

❶新梢接。將砧木挖起進行

❷用刀子將砧木劃出刀痕，露出形成層

❸將接穗的切口、表面及背面露出3面形成層

❹對其形成層使其密合，再用膠帶固定

❺除了芽點之外完全纏繞，防止乾燥

芽接方法

砧木的芽

砧木的芽

選擇茂密的芽，連皮削出一長段，於途中斜切取下。砧木部分可選擇節間較長的部分削去表皮。保留少許表皮下側，其餘削除，再將接穗芽插入表皮。保留芽的上側直到新芽長出為止。

砧木的芽會隨著新芽長出，應將砧木的芽剔除。

果樹

柿子

153

溫州蜜柑

柳橙

採收果實的樂趣

柑橘類

溫州蜜柑、金桔、柳橙、柚子、檸檬等果樹的總稱

芸香科柑橘屬／常綠灌木～喬木（高2～10m）

柑橘類的種類極為豐富。代表性的種類為溫州蜜柑，除此之外還有從耐寒性強的香橙（日本柚子）到果實小巧的金桔等，不勝枚舉。溫州蜜柑若年間平均氣溫未達16度以上的話，就無法採收到豐碩的果實。而香橙具有極佳的耐寒性，從日本東北地區南部以南都可以栽培。雖然不適合生吃，不過經常當作料理的香味添加食材。

栽培月曆

月份	狀態	管理	繁殖作業	肥料	重點
1			嫁接		由於柑橘類屬於暖地性植物，所以在溫暖季節的嫁接較容易存活
2			嫁接		
3	實生	修剪	嫁接	施肥	
4		定植			
5	開花	定植			
6			嫁接	施肥	
7			嫁接		
8			嫁接		
9					
10	熟期		實生		
11	熟期		實生	施肥	
12					

栽培管理

　柑橘類屬於暖地性植物，因此定植的適期為天氣回暖的4～5月。適合栽培於日照充足、排水良好，能防止冬天冷風的溫暖場所。

　修剪的適期為3月左右。將秋天長出的細長枝條截剪1/2左右。

　雖然可由實生繁殖，不過一般都是藉由嫁接來繁殖。

藉由嫁接繁殖

休眠枝嫁接　於1～4月進行。將前一年枝條茂密的部分當作接穗，進行切接。砧木使用枸橘的2～3年生實生苗。也可以利用市售的香橙（日本柚子）苗木。

新梢接　於6～8月將茂密的新梢當作接穗，使用2～3年生的枸橘實生苗進行切接。也可以進行芽接。

※在我的經驗當中，暖地性的柑橘類比起休眠枝條嫁接，在氣溫穩定的時候進行新梢接的存活率比較高。

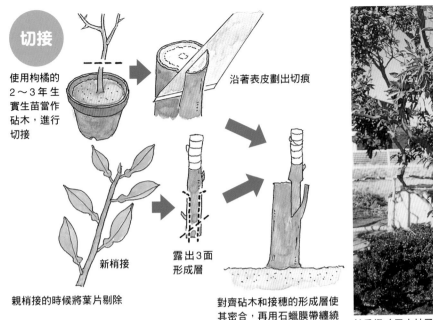

使用枸橘的
2～3年生
實生苗當作
砧木,進行
切接

沿著表皮劃出切痕

露出3面
形成層

新梢接

親梢接的時候將葉片剔除

對齊砧木和接穗的形成層使
其密合,再用石蠟膜帶纏繞

於香橙(日本柚子)樹嫁接各種柑橘類

藉由實生繁殖 栽培砧木

運用於盆栽的山橘,或是嫁接砧木用的枸橘
可藉由實生來繁殖。

於10～11月左右,採下完全成熟的果實,
去除果肉後採種。可採種後直接播種,或是裝
入塑膠袋內保濕保存,於2～3月播種。管理
時避免乾燥,於隔年春年移植。

實生

枸橘的實生

於10～11月左右果實黃熟
後,即可將果肉洗淨取出種子

可採種後直接播種,或是避
免乾燥保存,於隔年2～3
月播種

柑橘類每顆種
子能長出2個
以上的芽

於隔年春天移植,利用為嫁接的
砧木

栽培月曆

月份	狀態	管理	繁殖作業	肥料	重點
1		修剪	嫁接		花芽會長在枝條前端，所以應避免進行強剪
2			實生	施肥	
3		定植			
4					
5					
6	開花				
7			嫁接		
8					
9	熟期		實生		
10					
11			定植		
12					

果實是秋天美食的代表

栗子 板栗

殼斗科栗屬／落葉喬木（高10～20m）

從北海道至九州，栽種於日本全國各地。在繩文時代的居住遺址中，就已經出現栗子及其他樹木果實的遺跡。也許曾經對於日本人而言是很重要的食糧。於6月左右開出黃白色的穗狀花。雖然果實也會因品種而異，不過大部分都是在8月下旬～10月採收。甘甜而鬆軟的果實，能充分品嚐到秋天的美味。

栽培管理

定植的適期為11～12月，以及2月中旬～3月。適合栽種於日照充足、排水良好，土壤肥沃富含腐殖質的場所。

花芽會長在枝條前端，因此應避免過度截剪，只要將伸展過長的枝條或是過於茂密的部分進行疏枝修剪即可。修剪的適期為1～2月。

一般而言是藉由嫁接來繁殖。砧木則是藉由實生繁殖。

藉由嫁接繁殖

休眠枝嫁接　以1～3月為適期。將前一年茂密的枝條當作接穗。將枝條剪成帶有1～2個芽、4～5cm的長度當作接穗，切口削成斜面。除了芽點部分之外，其餘皆用石蠟膜帶纏繞，避免接穗乾燥。

砧木使用2～3年生的實生苗。將砧木於要嫁接的位置切斷，再將表皮和木質部之間劃出切痕，露出形成層。將接穗插入砧木的切痕中，對齊形成層密合。再纏繞石蠟膜帶固定。

存活並且長出新芽後，砧木的新芽也會隨之
長出，應儘早將砧木的新芽剔除。

新梢接　6～9月為適期。將茂密的新梢當作
接穗使用。

嫁接的砧木主要藉由實生來繁殖。

　將成熟後自動掉落的果實採種，採種後直接
播種。於春天發芽。至夏天為止施放1～2次
的肥料，快的話於6～9月就能利用為新梢嫁
接的砧木。

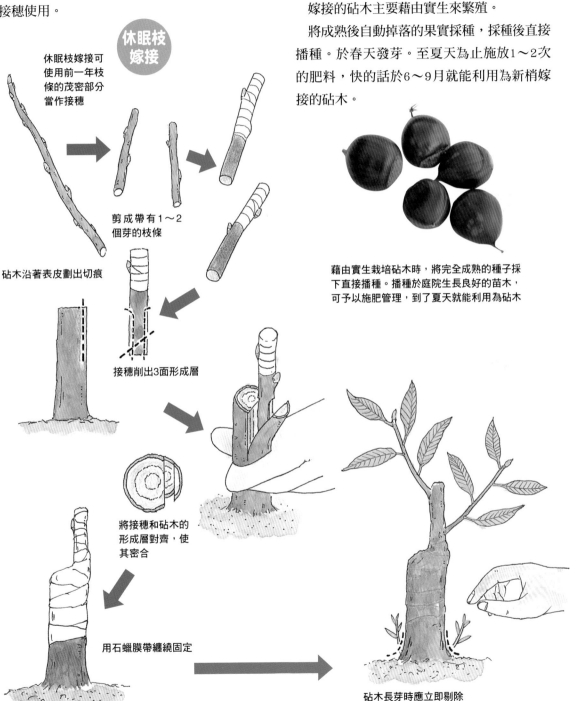

休眠枝嫁接

休眠枝嫁接可
使用前一年枝
條的茂密部分
當作接穗

剪成帶有1～2
個芽的枝條

砧木沿著表皮劃出切痕

接穗削出3面形成層

將接穗和砧木的
形成層對齊，使
其密合

用石蠟膜帶纏繞固定

砧木長芽時應立即剔除

藉由實生栽培砧木時，將完全成熟的種子採
下直接播種。播種於庭院生長良好的苗木，
可予以施肥管理，到了夏天就能利用為砧木

栽培月曆					
月份	狀態	管理	繁殖作業	肥料	重點
1					於2月將長枝條從基部進行截剪，留下5〜6個芽即可
2		剪定		施肥	
3			扦插		
4		定植			
5					
6	開花		壓條 扦插		
7					
8					
9				施肥	
10	熟期				
11					
12					

酸甜的果實具有獨特的樣貌

石榴 安石榴

石榴科石榴屬／落葉喬木（高5〜6m）

原產於印度至中近東地區。於梅雨季開出具有華麗的鮮豔橘紅色花。大到甚至會讓枝條彎曲的果實形狀獨特，是點綴夏至秋季的代表樹種。果實會在秋天成熟裂開。可大致區分為採收果實的果實石榴，以及主要觀賞花朵的花石榴。果實石榴又分為甜味強烈的甜石榴，以及酸味較強的石榴。

栽培管理

　　雖然石榴原本是屬於暖地性，不過是屬於比較耐寒的植物。定植的適期為天氣充分回暖的4月上旬〜5月。適合栽培於日照充足、排水良好，土壤富含腐殖質的場所。雖然不挑土質，但是不耐酸性土壤。花芽會長在茂密的短枝條上。修剪應於2月進行。從長枝條的基部截剪，保留5〜6個芽。

　　一般而言是藉由扦插或壓條繁殖。雖然也可由實生繁殖，不過到結果實之前需要相當的時間。施肥為2月及9月上旬。

藉由扦插繁殖

　　可進行3月上旬〜4月中旬的春季扦插，以及6〜7月的梅雨季扦插。春季扦插使用前一年枝條的茂密部分，梅雨季扦插則使用茂密的新梢當作插穗。

　　扦插於苗床後，春季扦插應放置於溫暖的陽光處，而梅雨季扦插放置於明亮的日陰處管理，避免乾燥。當新芽長出後即可漸漸使其適應陽光，施灑稀釋液肥。冬季進行保護以避免受到寒害或凍害。於隔年春天移植。

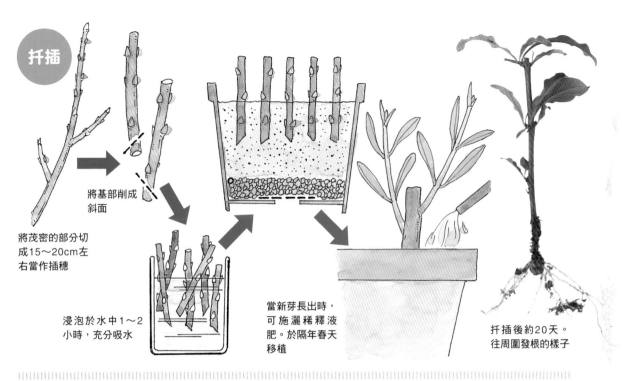

扦插

將茂密的部分切成15～20cm左右當作插穗

將基部削成斜面

浸泡於水中1～2小時，充分吸水

當新芽長出時，可施灑稀釋液肥。於隔年春天移植

扦插後約20天。往周圍發根的樣子

 藉由壓條繁殖

以5～7月為適期。環狀剝皮後，以高空壓條法進行壓條繁殖。另外，石榴樹經常會長出蘗枝。多餘的蘗枝可儘早修剪，但是想要增加新植株的時候，也可以將蘗枝的基部進行環狀剝皮後堆土。發根後即可切離原植株。

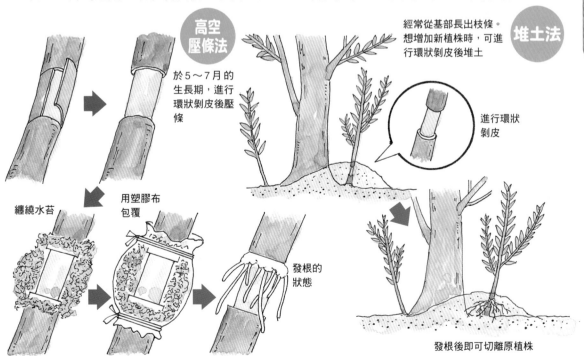

高空壓條法

於5～7月的生長期，進行環狀剝皮後壓條

纏繞水苔

用塑膠布包覆

發根的狀態

堆土法

經常從基部長出枝條。想增加新植株時，可進行環狀剝皮後堆土

進行環狀剝皮

發根後即可切離原植株

鮮甜多汁的口感受到大眾喜愛

梨 梨

薔薇科梨屬／落葉中喬木（高2～3m）

雖然是果實水嫩鮮甜而受到大眾歡迎的果樹，不過4月左右開出的白花也具有觀賞價值。種類可大致區分為日本梨、西洋梨和中國梨等。在日本梨當中，也有像是長十部等果皮為褐色的紅梨、像是二十世紀一樣果皮為青色的青梨等，園藝品種非常豐富。

栽培月曆

月份	狀態	管理	繁殖作業	肥料	重點
1		修剪	嫁接		於12～2月將長枝條留下4～5個芽，其餘進行截剪，促進長出短枝條
2		修剪	嫁接		
3		定植	嫁接		
4	開花				
5					
6			嫁接	施肥	
7			嫁接		
8			嫁接		
9	熟期		實生		
10	熟期		實生		
11		定植		施肥	
12		剪定			

栽培管理

定植的適期為11月中旬～12月，以及2月中旬～3月。適合栽培於日照充足、排水良好，土壤富含腐殖質且適當濕潤的場所。

花芽會長在茂密的短枝條上。可於12～2月將長枝條留下4～5個芽，其餘進行截剪，促進長出短枝條。

以園藝品種為主，所以是藉由嫁接繁殖。實生不一定能表現出和親本相同的特性。

藉由嫁接繁殖

休眠枝嫁接 於1～3月將前一年茂密的枝條部分當作接穗進行切接。砧木適合使用野生的山梨實生1～3年苗木，不過取得管道較為困難。也可以在吃完梨子後將種子立刻播種，事先準備好砧木。

一般而言砧木用的苗木取得非常困難，所以最重要的就是事先準備砧木。不只是梨子，想繁殖果樹的人不妨養成「吃完水果後立刻播種」的習慣。

   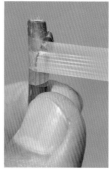 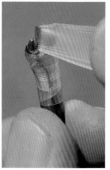

❶選擇茂密的新梢當作接穗。於夏季進行

❷不需要保留葉片，可全都剔除

❸將枝條前端於芽點上方削除

❹用石蠟膜帶避開芽點纏繞

❺上側的切口也一起纏繞，避免乾燥

 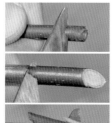   

❻纏繞完成後，於下側芽點的上方切除

❼將接穗的基部削成斜面，並且削去兩面

❽砧木。稍微削去切口頂端

❾再用刀子沿著表皮劃出切痕

❿將接穗和砧木的形成層對齊接合

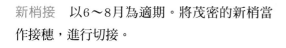

⓫從接合部下方往上將整體纏繞石蠟膜帶。纏繞的同時拉緊膜帶，就能讓膜帶充分密合

新梢接　以6～8月為適期。將茂密的新梢當作接穗，進行切接。

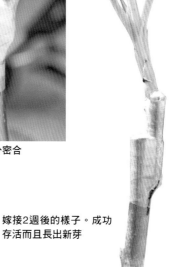

嫁接2週後的樣子。成功存活而且長出新芽

果
樹

梨

栽培月曆

月份	狀態	管理	繁殖作業	肥料	重點
1		修剪 定植	壓條 分株 扦插	施肥	若想要豐收果實，建議栽種2種以上的品種
2		修剪 定植	壓條 扦插 分株	施肥	
3		定植	扦插	施肥	
4	開花				
5	開花				
6	熟期		扦插		
7	熟期		扦插		
8	熟期			施肥	
9					
10					
11					
12		定植	壓條 分株		

適合家庭園藝的小果樹

藍莓 藍莓

杜鵑花科越橘屬／落葉灌木（高0.5～3m）

原產於北美，屬於灌木而且栽培容易，是適合家庭園藝、很受到歡迎的小果樹。果實可生吃，也能用來製作果醬或裝飾蛋糕。種類大致可區分為2種系統。兔眼藍莓系是溫暖地區也能栽培的強健種。而高叢系則適合寒冷地區。

栽培管理

定植的適期為12月～隔年3月中旬。雖然日照充足、通風良好的場所較為理想，但是半日照的場所也能充分生長。偏好酸性土壤，不喜歡過度濕潤及乾燥。和其他品種的花朵授粉能促進結果，建議同時栽種2種以上的品種。

修剪只要於1～2月整理樹冠內部的細枝條即可。

可藉由扦插簡單繁殖。也可以進行分株繁殖。藍莓幾乎都是園藝品種，所以無法藉由實生繁殖。

 藉由扦插繁殖

可進行2～3月的春季扦插以及6～7月的梅雨季扦插。春季扦插應使用前一年枝條的茂密部分，梅雨季扦插則使用茂密的新梢當作插穗。

切成10～12cm長度，插入水中1小時吸水，再插入混有小顆粒鹿沼土的扦插苗中。春季扦插應放置於溫暖場所，梅雨季扦插應放置於明亮的日陰處管理，避免乾燥。新芽長出後可漸漸使苗株適應陽光，並施灑稀釋液肥。於隔年3月移植。

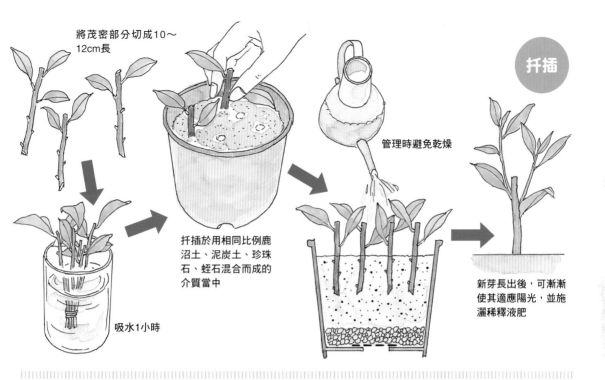

將茂密部分切成10～12cm長

扦插

吸水1小時

扦插於用相同比例鹿沼土、泥炭土、珍珠石、蛭石混合而成的介質當中

管理時避免乾燥

新芽長出後，可漸漸使其適應陽光，並施灑稀釋液肥

土。在定植的適期（12月～3月中旬）將發根的枝條切離栽種。

當植株長大後，於定植的適期整棵挖起，分成2～3株。

 藉由壓條、分株繁殖

經常於植株基部長出枝條，因此可於基部堆

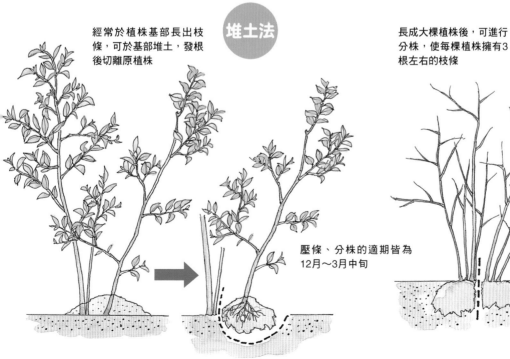

堆土法

經常於植株基部長出枝條，可於基部堆土，發根後切離原植株

壓條、分株的適期皆為12月～3月中旬

分株

長成大棵植株後，可進行分株，使每棵植株擁有3根左右的枝條

月份	狀態	管理	繁殖作業	肥料	重點
1		剪定	嫁接		於修剪的適期將長枝條結剪成一半，可促進長出能結花芽的短枝條
2		定植	嫁接	施肥	
3	開花				
4	花				
5					
6			嫁接		
7	熟期		嫁接		
8	熟期		實生		
9			實生	施肥	
10					
11					
12		定植 剪定			

於夏季成熟的果實

桃 桃

薔薇科李屬／落葉中喬木（高2～6m）

原產於中國。有果樹用的桃，以及以觀賞花朵為目的的花桃。會在3～4月左右開花，盛夏的7～8月果實成熟變甜。園藝品種也非常豐富。花桃還有會同時開出紅白不同顏色的花朵的品種。如果是家庭園藝想要品嚐果實的話，建議選擇能自花授粉的白鳳、大久保等品種。也有適合小巧庭園的矮性品種。

栽培管理

定植的適期為11月下旬～12月及2月。適合栽培於日照充足、排水良好，土壤肥沃的場所。任何土質都能生長。結果實後應進行2次疏果，將過多的果實摘下，才能採收到品質佳的果實。

修剪的適期為12月下旬～1月。將長枝條截剪成一半，促進短枝條長出。

可藉由嫁接繁殖。實生則是用來栽培嫁接用的砧木。

藉由嫁接繁殖

休眠枝嫁接　以6～9月為適期，使用前一年的茂密枝條當作接穗，進行切接。砧木理所當然用桃樹的實生苗最合適，但李樹的插接苗、毛櫻桃或郁李的實生苗及插接苗的1～3年生苗木也可以。在砧木的接合位置切開，從表皮與木質部間削除的位置插入接穗，對準形成層使其癒合。

新梢接　以6～9月為適期。使用茂密的新梢當作接穗，進行切接。也可以使用芽接。

切接方法（新梢接）

❶ 於想要嫁接的位置切斷砧木

❷ 將茂密的新梢當作接穗

❸ 於芽的上方切斷，並用石蠟膜帶纏繞

❹ 砧木沿著表皮劃出切痕

❺ 將形成層對齊密合，再用石蠟膜帶固定

芽接方法（新梢接）

❶ 剔除葉片後將芽點削下

❷ 砧木可於節間較長的部分劃出切痕

❸ 保留芽點其餘纏繞石蠟膜帶固定，使形成層能彼此密合

❹ 石蠟膜帶纏繞完成，作業結束

夏季扦插時，約1週左右就能發芽。就算失敗也能再次挑戰，可說是夏季扦插的優點

 藉由實生栽培砧木

　　和梨樹（160頁）一樣，吃完果肉後，可將種子周圍的果肉用水清洗乾淨，立刻播種於庭院的角落。可標示清楚以免忘記。種子於春季發芽。若順利生長的話，就能當作新梢接的砧木使用。

雖然發芽狀況不一，但若順利生長的話就能當作嫁接的砧木使用（照片拍攝當年共播了3個種子，結果長出2株）

果

樹

桃

165

月份	狀態	管理	繁殖作業	肥料	重點
1		修剪 定值	嫁接		若要使植株長出果實，應於開花期和其他品種一起栽種，或是進行人工授粉
2		修剪 定值	嫁接	施肥	
3		定值	嫁接		
4	開花				
5	開花				
6			嫁接		
7			嫁接		
8			嫁接		
9			嫁接		
10	熟期				
11	熟期	定植			
12		剪定			

可享受到花朵和果實樂趣

蘋果 林檎

薔薇科蘋果屬／落葉中喬木（高2～8m）

於4月左右在綠葉間長出紅色的花苞，並且綻放白色花朵。秋季成熟的果實顏色也非常美麗，能享受到賞花及果實的樂趣。在栽培果樹中品種豐富，果實的顏色從紅色到黃色都有。耐寒，但是不耐夏季炎熱，因此適合於日本關東以北栽種。雖然溫暖地區也能生長，不過果實無法呈現出漂亮的顏色。

栽培管理

定植的適期為落葉期的11～隔年3月。適合栽種於日照充足、排水良好，土壤肥沃且富含腐殖質的場所。

蘋果具有自花授粉會難以結果實的特性。若要讓植株長出果實，應於開花期和其他品種一起栽種，或是進行人工授粉。長枝條不易長出花芽。可於12～隔年2月進行截剪，留下5～10個芽，以促進長出短枝條。

可藉由嫁接繁殖。實生則是用來栽培嫁接用的砧木。於2月施放禮肥。

藉由嫁接繁殖

休眠枝嫁接 於1～3月將前一年茂密的枝條當作接穗，進行切接。砧木可用蘋果的實生苗或是圓葉海棠的扦插苗木（圓葉海棠為矮性品種，使用此品種當作苗木，在樹高較低的狀態下就能結果實。參閱170頁）。挑選1～3年生的健康苗木。

砧木於嫁接位置切斷，在表皮和木質部之間劃出切痕，露出形成層。插入插穗對齊形成層密合。再纏繞石蠟膜帶固定。纏繞膜帶也能同時防止乾燥。存活並長出新芽後，砧木也會同

時冒出新芽，應儘早將砧木的新芽剔除。

新梢接　以6～9月為適期。將茂密的新梢當作接穗，進行切接。也可以用芽接簡單繁殖。

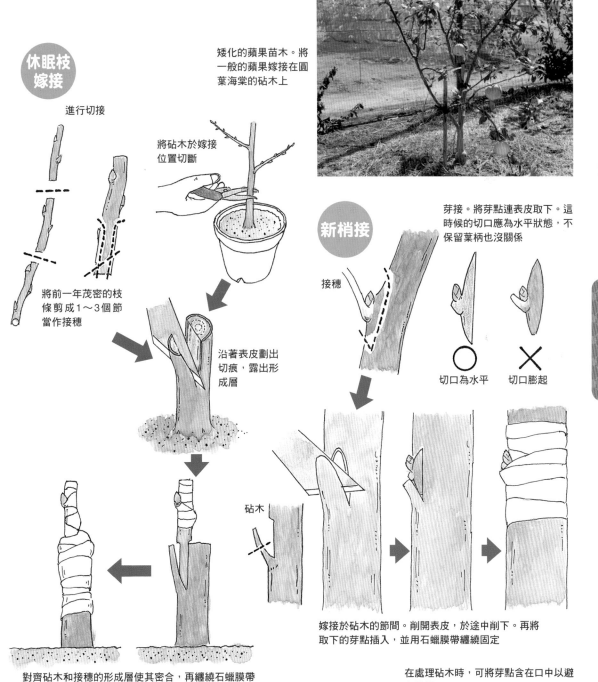

矮化的蘋果苗木。將一般的蘋果嫁接在圓葉海棠的砧木上

休眠枝嫁接

進行切接

將砧木於嫁接位置切斷

將前一年茂密的枝條剪成1～3個節當作接穗

沿著表皮劃出切痕，露出形成層

對齊砧木和接穗的形成層使其密合，再纏繞石蠟膜帶

新梢接

接穗

芽接。將芽點連表皮取下。這時候的切口應為水平狀態，不保留葉柄也沒關係

○ 切口為水平　　× 切口膨起

砧木

嫁接於砧木的節間。削開表皮，於途中削下。再將取下的芽點插入，並用石蠟膜帶纏繞固定

在處理砧木時，可將芽點含在口中以避免乾燥

167

奇異果 獼猴桃

獼猴桃科獼猴桃屬／落葉蔓性木本

自生於中國的中華獼猴桃在紐西蘭經過改良，由於果實的外觀和紐西蘭國鳥「奇異鳥」非常相似而得其名。生長勢強健，是非常容易栽培的家庭果樹，但由於雌雄異株，若要結果實的話除了雌樹之外也需要雄樹。於5～6月開花，果實於11月採收。定植的適期為2～3月。可於12月下旬～1月將多餘的枝條進行整枝修剪。繁殖方法為嫁接、扦插。嫁接的適期為2～3月。扦插則以7月為適期。

枸杞 枸杞

茄科枸杞屬／落葉灌木（高1～3m）

於夏季在葉腋開出淡紫色的5瓣小花。果實會於秋天轉為鮮紅色成熟。花、果實、根、莖、葉都能廣泛利用為料理及藥材。定植的適期為2～3月及11～12月。生長勢強健且具有萌芽力，因此可進行強剪。整枝的適期為12～2月。繁殖方法以扦插較為容易。可分為3月的春季扦插及6～7月中旬的夏季扦插。春季扦插使用前一年粗枝條的茂密部分，而夏季扦插則使用茂密的新梢當作插穗。

茱萸 越椒、艾子

胡頹子科胡頹子屬／落葉・常綠中喬木（高2～5m）

茱萸的種類非常多，有屬於常綠性，會在秋季開花、夏季果實成熟的蔓性茱萸、苗代茱萸，也有屬於落葉性，在春季開花夏季果實成熟的夏茱萸，以及屬於落葉性，在春季開花秋季成熟的秋茱萸等。花朵會開在新梢的葉腋並結果實。於12～2月修剪多餘的枝條，修整樹形。一般是藉由扦插來繁殖。落葉性的種類於2～3月使用前一年茂密的枝條，而常綠性種類則於7～8月使用當年長出的茂密枝條當作插穗。

野山楂 中國山楂、日本山楂

薔薇科山楂屬／落葉灌木（高1～3m）

於5月左右在枝條上以5～6朵群集開滿白色小花。原產於中國。也有歐洲原產的西洋山楂，以及紅花的園藝品種。非常耐寒，所以在落葉期的11～3月中旬之間都可以定植。整枝也以落葉期的12～2月為適期。一般是藉由實生及嫁接來繁殖。果實在10月紅熟，於落果前採下，洗去果肉，可採種後直接播種，或是保濕保存，於春天播種。嫁接的適期為3月中～下旬。

茶藨子／紅醋栗 酸塊／
房酸塊

醋栗科醋栗屬／落葉灌木（高1m）

於7月左右長出有如彈珠般晶亮果實的茶藨子，是生長勢強健、適合家庭園藝的果樹。一般栽培的是歐洲或美國產的西洋茶藨子，以及會長出房狀小巧果實的紅醋栗。定植的適期為落葉期的12～3月上旬。就算任其生長也能維持整齊樹形。結果狀況不佳的枝條應進行更新。繁殖方法一般是使用分株法，不過扦插也能簡單繁殖。適期為2～3月及6～7月。

枇杷 枇杷

薔薇科枇杷屬／常綠喬木（高5～10m）

在花朵較少的冬季，於枝條前端以房狀開出白色小花。和蘋果及水梨為近緣種。花朵帶有香氣，在綠葉的襯托下非常美麗。果實在6月左右成熟轉為黃橙色後即可採收。定植的適期為3～4月。過於茂密部分的疏枝或是多餘枝條的修剪，則是於花芽分化結束的9月上旬～中旬進行。繁殖方法以嫁接最為普遍，適期為2～3月。砧木可用實生的2～3年生苗或是圓葉海棠扦插苗（參閱170頁）。

楊梅 樹梅

楊梅科楊梅屬／常綠喬木（高3～5m）

可在溫暖地區的沿岸看到自生的植株。雌雄異株，於4月左右開花，雌花會結果實。果實除了能生吃之外，也可以利用成果醬或水果酒。若想採收果實的話，應栽種雌樹。定植的適期為4～5月中旬及8月下旬～10月上旬。整枝修剪的適期為2～3月上旬。可藉由嫁接、實生來繁殖。嫁接的適期為3月下旬～4月。使用實生3～4年生的苗木當作砧木。實生可於9月中旬播種。

果樹軟棗獼猴桃（軟棗子）。和奇異果同一屬。分佈於日本等冷涼地區。雌雄異株或是同株。可用和奇異果相同的方式栽培

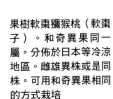

在家中庭院享受栽培果樹的樂趣

在矢端先生的農園，經常會有許多附近的人們前來參觀。大家都對小巧的樹木就能結果實感到興趣，紛紛想在家裡嘗試，因此提出許多疑問。在這裡將這些疑問列出，希望能作為讀者們的參考。

蘋果

「看到自己家中庭院的果樹結果實，總會讓人安心而且覺得滿足呢」

——沒錯，就是這樣。但是為什麼這麼小的蘋果樹也能長出蘋果呢？

「因為使用了矮性品種的砧木」

——是蘋果栽培農家使用的砧木嗎？

「對的。但是比起農家所使用的矮性砧木，我使用的是矮性特徵更加強烈的砧木」

——像是怎麼樣的砧木呢？

「農家通常使用M9或是M26，而矮性特徵更加強烈的砧木是M27。我就是使用這種砧木」

——為什麼要用這種砧木呢？

使用於砧木的圓葉海棠。藉由扦插繁殖

「因為農家也很重視生產性，所以會選擇剛好的矮性砧木。另一方面，家庭果樹不需要如此講究採收量。只要能長出蘋果就能滿足了」

——那種砧木能簡單取得嗎？

「有些能在果樹專門目錄中找到。另外，這種砧木無法藉由扦插繁殖，所以可以先和圓葉海棠嫁接，再接上想要栽培的品種接穗。這叫做二重嫁接」

圓葉海棠的扦插苗

——感覺很麻煩呢。有沒有更簡單的方法啊？

「當然有。日本的技術者將M系列的砧木進行品種改良，栽培出JM系列。而這種砧木就能簡單藉由扦插繁殖。矮性特性相當於M27的品種為JM5，目前我正在更換成這種砧木」

——樹木小的話在管理方面上比較輕鬆嗎？

「在任何方面都輕鬆很多。尤其是保護果實避免受到鳥害的時候，防鳥網架設的比較低，而且小規模就能解決了」

——不掛防鳥網就沒辦法防除鳥害了嗎？

「我嘗試過許多方法，還是防鳥網最有效。如果沒有防鳥網的話，鳥類也會將袋子咬破吃果實。不過，今年試著將葡萄專用的果傘使用於蘋果，非常有效。之後也會持續使用」

罩著葡萄用果傘的蘋果（品種為「富
士」）。防治鳥害的效果極佳

在圓葉海棠的砧木上，嫁接作為中間砧木
的矮性M9，再嫁接蘋果及水梨的接穗。
左為蘋果（品種為「姬神」）。右側為西
洋梨的「加州」。在加州的某些枝條上也
嫁接了中國梨的「紅梨」

蘋果品種「群馬名
月」。砧木使用的是
M5

同樣是蘋果「西谷
紅玉」。砧木使用
的是JM5

也有這種有趣的方式。在圓葉海棠嫁接中間砧木
M9，再嫁接「富士」（前方左側）、「紅玉」
（前方右側）及「名月」（後方）。秋天可採收三
種蘋果

柿子

——柿子也有矮性品種的砧木嗎？

「有種叫做西村早生的品種就具有矮性的特性。園藝雜誌也曾介紹過將選拔後的西村早生當作砧木，所以我也曾經拿到這種苗木。雖然有某種程度的效果，但是還是希望有真正的矮性砧木呢」

——是有人在做這方面的育種嗎？

「我也是成員之一，不過是以非常小的規模在實生繁殖各種柿子。在實生栽培當中，雖然也有出現矮性個體，但是這種特性多半無法傳給接穗，因此成為嫁接的課題」

——果然還是沒那麼簡單呢。那柿子可以用扦插繁殖嗎？

「不行，非常困難。所以使用西村早生的實生苗當作砧木，或是將選拔西村早生進行二重嫁接」

——真是麻煩啊。有其他方法嗎？

「柿子樹栽種苗木後的3～4年之間，於每年挖起植株截剪根系再次種植，就能壓制樹勢矮化植株。也能比較快長出果實。長出果實後不要疏果，使植株結出許多果實。如此一來，就能讓樹勢弱化，使植株變得小巧」

在澀柿樹上脫澀。果實還長在樹上的狀態下，將塑膠袋裝入吸附酒精的脫脂棉包起果實。數日後就能去除澀味

水梨

——那水梨也有嗎？

「水梨是以棚架栽培為主流，所以沒有刻意栽培矮性品種的必要。因此沒有矮性砧木」

——搭設棚架非常麻煩，如果沒有矮性砧木的話，家庭果樹如果要栽培水梨應該也很困難吧？

「水梨並非沒有棚架就無法栽培。只要利用一些栽培管理的技巧就足夠。不過，樹勢強健的品種偏多，很容易生長成大型樹木，所以還是希望能有矮性砧木」

——那您也有在做水梨的矮性砧木育種嗎？

「大約10年前我有取得了一種叫做南勢矮雞的品種。果實非常難吃，幾乎沒有什麼價值，但是樹木的節間極短，呈現出優秀的矮性特性。我把這個枝條嫁接在水梨的砧木上，再將目標品種進行二重嫁接，結果卻沒有什麼效果」

——有成功採種嗎？

「有的。當然也將種子播種栽培出實生苗，但是卻無法像親本一樣表現出密實的節間。同時也有使用一般的砧木來嫁接，不過接穗還是沒有出現矮性效果」

「南勢矮雞」

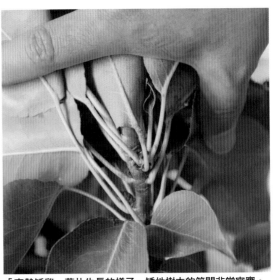

「南勢矮雞」葉片生長的樣子。矮性樹木的節間非常密實。一般的樹木也會因為突然變異而出現這種節間密實的枝條（稱為枝條變異）。試著將這個枝條當作接穗使其結出果實，並且把採下的種子實生栽培，看是否能培育出新的矮性品種，也是一件非常有趣的事

——像這麼小的樹就能長出大棵果實的水梨是什麼？（172頁右下照片）

「這是一種稱為愛宕的水梨枝條變異。這種樹木的其中一部份會長出節間較短的枝條，目前正在用其他砧木來確認這種特性」

——原來是枝條變異啊。所以除了實生以外，也有能找出變異個體的方法呢

「和南勢矮雞一樣，也有把這株個體當作中間砧木使用，或是實生繁殖栽培出矮性砧木，不過效果卻不明顯」

「南勢矮雞」。將套袋取下的狀態

李樹

——這棵李樹這麼小，卻長出這麼多果實。是因為有李樹的矮性砧木嗎？

「雖然不是李樹專用，但是李子等李亞科（桃亞科）的果樹都會將毛櫻桃或郁李當作矮性砧木」

——李亞科？

「因為薔薇科植物非常多種，所以在科和屬之間設有亞科。像是薔薇亞科、梨亞科、李亞科（桃亞科）等」

——李亞科包含哪些果樹呢？

「桃子、油桃、李、蜜李、杏、梅、櫻花果等。不過櫻花果和兩種砧木的親和性都不佳，所以無法利用」

——砧木要如何栽培？

「毛櫻桃或郁李都能藉由扦插繁殖，但是一般還是會用實生繁殖。播種後1年就能使用」

——市面上買得到這些使用矮性砧木的苗木嗎？

「最近種苗目錄都有刊登。不過品種有限，如果有喜歡的品種時，不妨栽培砧木，自己嫁接」

——所以櫻花果以外的李亞科果樹使用相同方法嫁接就可以了嗎？

「沒錯。順帶一提，梨亞科有梨子、蘋果及枇杷。在蘋果的砧木——圓葉海棠上，可同時嫁接蘋果和梨子」

「太陽」的果實

李子品種「太陽」。是用毛櫻桃當作砧木嫁接

蜜李。這也是用毛櫻桃當作砧木嫁接，整棵植株較矮

栗樹

——栗子樹容易長很大棵，所以不適合家庭果樹
　　對吧？

「在不久前園藝雜誌曾經介紹過叫做七立的一歲
性（早生性）栗子樹，因此便購買了植株。一歲
性特性強，於春天播種當年就會開花、結果。而
且這種栗子只要溫度足夠，就會陸續開花結果」

——感覺是很有趣的栗子呢。可以當作矮性砧木
　　利用嗎？

「有一棵嫁接經過5年的苗木。和其他栗子樹相
較之下，雖然已經極端矮化，不過仍要觀察之後
的生長狀況」

——果實能吃嗎？

「培育七立的人有刻意選拔出果實大的個體，所
以具有充分的食用價值。不過我栽培的果實比較
小」

「七立」的實生苗。只要溫度足夠，到秋季之前都
會持續開花、結果實（拍攝時期為10月中旬）

——選拔也很有趣呢

「對呀。在秋天會結出豐碩的果實，所以很適合
當作插花的材料。所以也可以根據不同目的進行
選拔」

叫做「七立」
的栗子矮性品
種。果實也非
常小

章尾專欄——在家中庭院享受栽培果樹的樂趣

柑橘類

——蜜柑等柑橘類又是如何呢？

「蜜柑類有比較多樹形小巧的品種，只要栽培管理方法適當，就很適合當作家庭果樹來栽種」

——有矮性砧木嗎？

「有一種枸橘的變種叫做飛龍，通常都是當作矮性砧木使用」

——飛龍能簡單取得嗎？

「曾在九州的柑橘類專門生產者目錄找到。種子和苗木都有販售」

於1棵樹上嫁接各式各樣的柑橘類

以香橙（日本柚子）為親本，長出香橙（左上）、金桔（左中）、夏蜜柑（右下）等果實

第5章

觀葉植物・盆花的繁殖方法

強健而且運用範圍廣
常春藤　土鼓藤、木蔦、百角蜈蚣

五加科常春藤屬／常綠耐寒性蔓性木本

帶給人輕盈的印象，可在戶外當作地被植物或是點綴組合盆栽，在室內則是當作觀葉植物來觀賞，運用範圍極廣為其魅力之處。Ivy（常春藤）雖然是藤蔓的意思，不過容易和葡萄科的藤蔓混淆，所以最近在日本愈來愈常以屬名「Hedera」概稱。有許多葉片顏色及大小不同的品種。

栽培月曆

月份	狀態	管理	繁殖作業	肥料	重點
1				稀釋液肥	雖然喜好日照，不過炎夏應放置於日陰處管理
2	明亮的室內				
3					
4				每兩個月施放一次置肥	
5	日照		扦插　壓條		
6					
7	半日照				
8					
9	日照		扦插　壓條		
10					
11	明亮的室內			稀釋液肥	
12					

栽培管理

　　雖然建議栽培於日照充足的場所，但是種植於盆器內時，炎夏應放置於半日陰處管理。耐陰性雖強，若一直在沒有日照的場所栽培，會讓葉片變薄、呈現出瘦弱的印象，顏色變淡而且斑紋變少。於秋至冬季之間，可用液肥取代澆水管理。

　　生長旺盛，會不斷長出藤蔓，所以可進行嫁接，或是在春和秋季截剪後扦插繁殖。水中扦插也能容易發根。

藉由扦插繁殖

　　於春和秋季將太長或是過於茂密的藤蔓修剪後，從中選擇葉片斑紋漂亮的部分當作插穗。

　　不使用前端過於柔軟的部分，將茂密的部分剪成10cm長度，保留數片葉子，下側葉片剔除。

　　充分吸水後，插入扦插苗床中。約1～2個月長出新芽後，即可將數根移植到裝有培養土的盆缽中栽培。

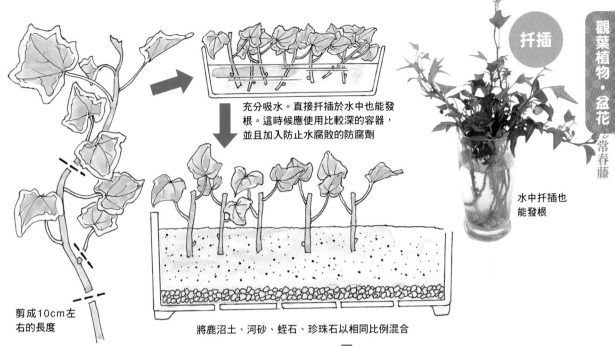

扦插

充分吸水。直接扦插於水中也能發根。這時候應使用比較深的容器，並且加入防止水腐敗的防腐劑

水中扦插也能發根

剪成10cm左右的長度

將鹿沼土、河砂、蛭石、珍珠石以相同比例混合

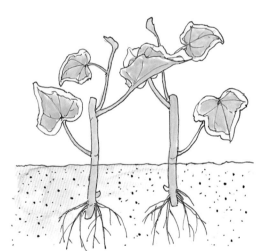

具有耐寒性，所以可以直接栽種於庭園內

新芽長出後，就可以分別將數根用培養土定植

觀葉植物用的培養土

每一盆內可栽種2～3根

 藉由壓條繁殖

　　將伸展過長的藤蔓用鐵線凹成的U字型金屬線固定於地面，再稍微堆土。發根且順利長出新芽後，即可與原有植株切離，定植於盆缽中。

月份	狀態	管理	繁殖作業		肥料	重點
1						耐寒性強，在溫暖地區也能露地栽培。喜愛日照
2						
3						
4		全日照管理	扦插		每2個月施放一次置肥	
5				分株		
6						
7			扦插			
8				分株		
9						
10						
11						
12						

「遠離醫生」的藥用植物

蘆薈 蘆薈

獨尾草科蘆薈科／半耐寒性多肉植物（高0.1～10m）

種類繁多，有作為藥用植物而為人所知的樹蘆薈、葉片肥厚而且會一直往上長的費拉蘆薈、葉肉中的果凍狀部分可食用的Aloe compacta、葉片短小且刺棘明顯的不夜城等。植株高度也有從10cm左右的小型種至數公尺的大型種，種類非常豐富。生長旺盛，是很容易栽培的觀葉植物。

栽培管理

　　耐寒性強，於日本關東以西的溫暖地區都能露地栽培。為了培育出苗壯的植株樣貌，在炎夏以外都建議於直射陽光處種植。

　　澆水量不需太多，當盆土表面顏色變淡並且經過1週後再澆水就足夠。冬天若放置於戶外時，在天氣回暖之前都應減少澆水量。幾乎不需要肥料。生長旺盛，若施肥過量有可能長太大株。

　　可藉由扦插和分株繁殖。

 ## 藉由扦插繁殖

　　於4～9月之間，避開梅雨季節進行。切成30cm左右的長度，將下側葉片剔除一半。放置於通風良好的日陰處，使切口乾燥。約1週左右完全乾燥後，將相同比例的鹿沼土、蛭石、珍珠石、泥炭土混合成介質放入苗床，再將插穗插入一半於苗床中。充分發根之前應放置於明亮的日陰處管理。

蘆薈的花

如何製作插穗

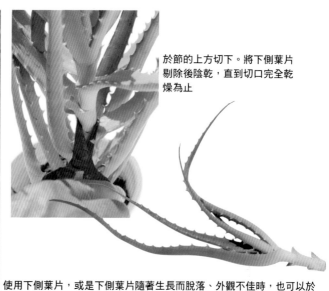

於節的上方切下。將下側葉片剔除後陰乾，直到切口完全乾燥為止

使用下側葉片，或是下側葉片隨著生長而脫落、外觀不佳時，也可以於植株附近切下當作插穗

藉由分株繁殖

於5～9月之間，避開梅雨季節進行。可將從基部長出的子株，或是節間長出的腋芽切下，放置於通風良好的日陰處，等切口充分乾燥後再定植。定植後不需要立刻澆水。放置於明亮的日陰處1週後再澆水即可。充分發根後，即可於日照充足的場所管理。

分株

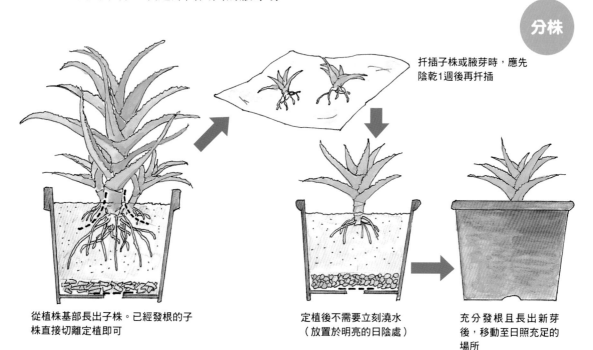

扦插子株或腋芽時，應先陰乾1週後再扦插

從植株基部長出子株。已經發根的子株直接切離定植即可

定植後不需要立刻澆水（放置於明亮的日陰處）

充分發根且長出新芽後，移動至日照充足的場所

會長出有如紙鶴般的可愛子株

吊蘭

掛蘭、蘭草、折鶴蘭

龍舌蘭科吊蘭屬／半耐寒性多年草本（高0.1～0.2m）

會在匍匐莖（走莖）的前端長出子株，看起來就像是紙鶴般，所以在日本稱為折鶴蘭。市面上常見的是葉片中央或葉緣呈現帶狀斑紋的斑葉吊蘭，而且容易長出子株。葉片較寬的寬葉吊蘭中，外側帶有細斑紋的是白紋吊蘭，不會長出匍匐莖。

栽培月曆

月份	狀態	管理	繁殖作業	肥料	重點
1		全日照管理			雖然冬季葉片會稍微出現受損，但是在戶外也能栽培
2					
3					
4					
5			分株、子株分株	每2個月一次置肥	
6					
7		半日照			
8					
9		全日照管理			
10					
11					
12					

栽培管理

　　植株強健，除了能在室內欣賞之外，也可以栽培於室外花壇的邊緣。若栽種於盆缽內時，可種植於較小的盆器內，裝飾於較高的場所當作吊盆，能充分發揮出吊蘭的魅力。

　　喜愛日照，日照不足會造成斑紋減少、不容易長出子株。減少澆水量，避免過度濕潤。

 ## 藉由分株繁殖

　　以5～9月為適期。從盆缽中取出，用剪刀剪成2～3株。過長的根系可進行截剪。栽種於長型盆器內時可用觀葉植物用的培養土，栽種於吊盆內時可用吊盆專用的輕量介質。生長迅速，使用稍微大一點的盆器也沒關係。

附著在匍匐莖前端的子株

長出許多子株的吊蘭。由於吊蘭生長旺盛，所以每2年可進行一次移植

藉由子株分株繁殖

　　將母株基部的匍匐莖剪下，於距離子株5～10cm左右的位置剪斷。於2號盆大小的小盆缽內定植1株，就能當作迷你觀葉植物欣賞。生長至某種程度後，再將3～5株集中栽培成組合盆栽。培養土也可以使用觀葉植物專用、排水良好的介質。

分株

長滿於盆缽內時，可進行分株

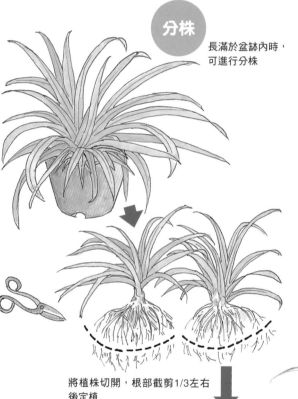

將植株切開，根部截剪1/3左右後定植

觀葉植物用土

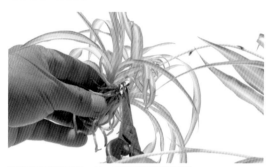
❶在匍匐莖保留3～5cm的狀態下切離子株

❷可於盆缽內多放一些介質，栽種於較淺的位置

❸定植後稍微按壓介質，直到澆水時水不會溢出的狀態即可

		栽培月曆			
月份	狀態	管理	繁殖作業	肥料	重點
1	明亮的室內				待盆土表面乾燥後，再澆灑大量水分
2					
3					
4					
5	全日照管理		扦插	壓條	每兩個月施放一次置肥
6					
7					
8					
9					
10	明亮的室內				
11					
12					

粗大的樹幹及圓形的光澤葉片極具存在感

細葉榕 _{山榕、雀屎榕}

桑科榕屬／半耐寒性常綠喬木（高1～20m）

和垂榕（班傑明榕）同樣是屬於榕樹類。自生於東南亞～沖繩。日文名稱「Gajumaru」為沖繩地區的方言，由來不明。在沖繩認為細葉榕是妖精Kijimuna所居住的樹木，所以非常重視。於自生地會先寄生於樹上，接著長出許多氣根到達地面，成為支柱根，接著繼續生長甚至覆蓋整個宿主樹木。

栽培管理

喜愛日光，但是耐陰性也極佳，所以可以管理於室內。不過當日照不足時容易使植株弱化，於4～9月之間可移動至陽台或露台照射陽光。

待盆土表面乾燥後，再澆灑充足的水分即可。冬天若減少澆水量的話，5度以上即可越冬。

可藉由扦插、壓條來繁殖。當下側葉片凋落而使整體外觀失去平衡時，可藉由壓條來縮短樹高。

藉由扦插繁殖

以5～9月為適期。將枝條切成每段帶有3～4個節，切口用銳利的刀子或剪刀削成斜面，再將切口流出的白色樹液沖洗乾淨。以相同比例的鹿沼土、蛭石、珍珠石、泥炭土混合成介質扦插。放置於明亮的日陰處管理，約2個月左右即可發根、長出新葉，再移植至3號盆（1號盆直徑約3cm）栽培。

持續生長會開出類似無花果的花，但是沒有榕小蜂出沒的地區，就算結果實種子也無法發芽。

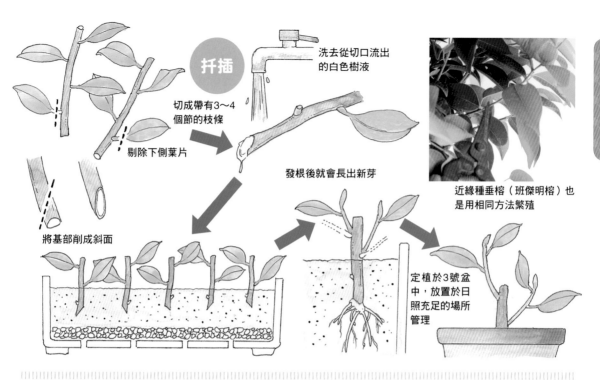

扦插

洗去從切口流出的白色樹液

切成帶有3～4個節的枝條

剔除下側葉片

將基部削成斜面

發根後就會長出新芽

近緣種垂榕（班傑明榕）也是用相同方法繁殖

定植於3號盆中，放置於日照充足的場所管理

 藉由壓條繁殖

以5～9月為適期。於壓條後樹木能呈現理

想平衡的位置進行環狀剝皮，纏繞水苔後包覆塑膠布。確認根長出時，即可於水苔下方切下定植。或是於氣根下切離，將氣根當作根系一起栽種於盆缽內，也是很簡單的方法。

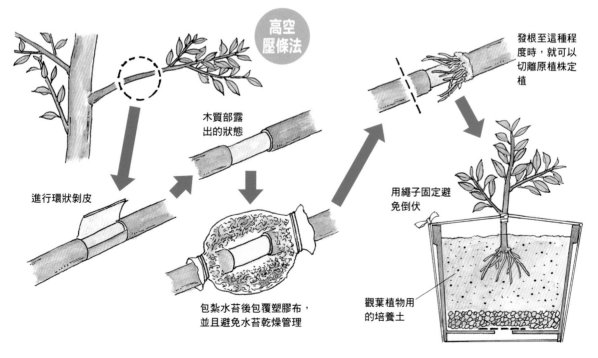

高空壓條法

進行環狀剝皮

木質部露出的狀態

包紮水苔後包覆塑膠布，並且避免水苔乾燥管理

發根至這種程度時，就可以切離原植株定植

用繩子固定避免倒伏

觀葉植物用的培養土

栽培月曆

月份	狀態	管理	繁殖作業	肥料	重點
1		明亮的室內			屬於多肉植物，所以可減少澆水量
2		明亮的室內			
3		明亮的室內		少量	
4		全日照管理		少量	
5		全日照管理	扦插		
6		全日照管理	扦插		
7		半日照			
8		半日照			
9		全日照管理	扦插	少量	
10		全日照管理		少量	
11		明亮的室內			
12		明亮的室內			

熟為人知的「發財樹」

翡翠木

發財樹、玉樹、燕子掌

景天科青鎖龍屬／半耐寒性多肉植物（高0.1～0.5m）

學名為Crassula。由於葉片的形狀和美金的1元硬幣很像，所以英文名為dollar plant。和名為「花月」，但是肥厚的葉片和硬幣相似，再加上將日幣5圓硬幣穿過新芽栽培這種方法廣為流傳而被稱為「發財樹」，是大眾所熟悉的好運植物。

栽培管理

喜愛日光，在炎夏以外的時期應充分照射陽光栽培。澆水量稍微減少。尤其是高溫期及低溫期應減少次數。當盆土表面乾燥經過2～3天後再澆水即可。肥料可於春及秋季施放少量，夏季停止施放。

可藉由扦插、葉插來繁殖。當下側葉片凋落，或是因為日照不足而使植株整體衰弱時，可修剪枝條，並且將剪下的枝條當作插穗。

藉由扦插繁殖

以5～6月及9月為適期。將前一年長出、帶有6～8片葉的莖部取下。放置於通風良好的日陰處，待切口充分乾燥後扦插。約1個月左右發根後，移植至2號盆左右的小盆器中。

插穗。剔除的下側葉片也能用來葉插繁殖

藉由葉插繁殖

此外，只要將剔除的葉片放置於介質上也能

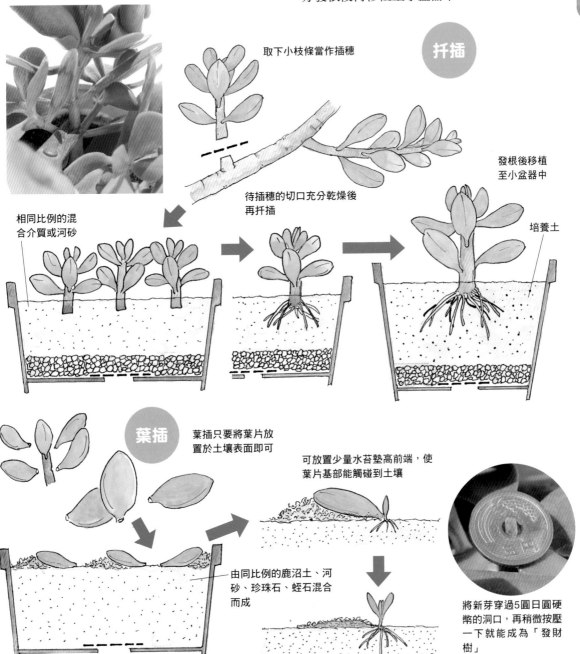

繁殖。建議使用同樣扦插繁殖用的混合介質或河砂等乾淨的介質。放置少量水苔，再於上方像是墊枕頭般放置葉片就能安定。約1個月左右發根後便會長出新芽，可直接任其生長。充分發根後再移植至小盆器中。

取下小枝條當作插穗

扦插

待插穗的切口充分乾燥後再扦插

發根後移植至小盆器中

相同比例的混合介質或河砂

培養土

葉插

葉插只要將葉片放置於土壤表面即可

可放置少量水苔墊高前端，使葉片基部能觸碰到土壤

由同比例的鹿沼土、河砂、珍珠石、蛭石混合而成

將新芽穿過5圓日圓硬幣的洞口，再稍微按壓一下就能成為「發財樹」

從充滿魄力的巨大型花至清新可愛的小花品種

孔雀仙人掌
孔雀蘭、蘭花仙人掌

仙人掌科曇花屬／半耐寒性多肉植物（高0.5～1m）

擁有彷彿葉片般莖部的仙人掌，野生種通常會附生在森林的樹上生長。花朵從5cm的小朵花至30cm的巨型花都有，顏色也相當豐富。因為鮮豔的花朵樣貌，而得英文名Orchid cactus，花朵在數日之間會重複開闔。也有花朵具有芳香的近緣種曇花，但是曇花的花只盛開一晚，栽培方法也有所不同。

月份	狀態	管理	繁殖作業	肥料	重點
1					若沒有歷經某種程度的低溫就不會長出花芽，冬天應避免放置於開暖氣的室內
2		戶外的半日照			
3					
4					
5	開花	明亮的室內	扦插 / 嫁接		
6				少量	
7		戶外的半日照			
8					
9					
10		低溫的室內			
11					
12					

栽培月曆

栽培管理

　　開花期應避免直射日光或風吹，給予隔著蕾絲窗簾的日照即可。開花後可放置於戶外的半日照處管理。冬季可在下霜前放置於室內，不過若管理於溫暖場所會導致花芽無法長出，應盡量避免栽培於開有暖氣的室內。

　　當盆土表面乾燥後即可澆水。晚秋至早春為休眠期，所以不需要澆水。

　　一般是以扦插來繁殖，同時也可使用嫁接或分株繁殖。

藉由扦插繁殖

　　5～7月為適期。剪下20～30cm左右的葉節，放置於通風良好的日陰處7～10天，直到切口乾燥為止。插入以相同比例的鹿沼土、蛭石、珍珠石、泥炭土混合而成的扦插苗床。扦插後暫時不需澆水，約2～3週發根後再澆水即可。當根部長出1cm左右時，再移植至3號盆栽培。

曇花（月下美人）

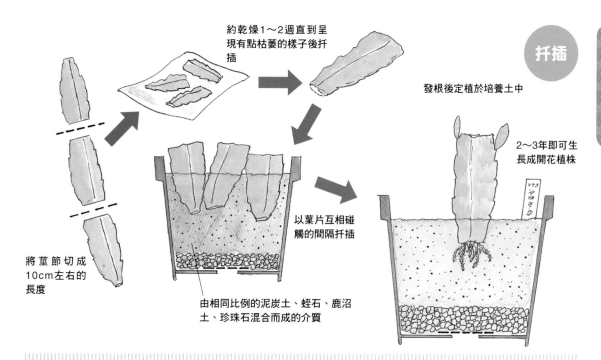

扦插

約乾燥1～2週直到呈現有點枯萎的樣子後扦插

發根後定植於培養土中

2～3年即可生長成開花植株

將莖節切成10cm左右的長度

以葉片互相碰觸的間隔扦插

由相同比例的泥炭土、蛭石、鹿沼土、珍珠石混合而成的介質

 藉由嫁接繁殖

　　嫁接在三角柱仙人掌的砧木上，就能夠提早開花。接穗可切成3～5cm、並且帶有3個左右的刺座。將砧木切出20cm左右的切口，再將接穗插入，使砧木接穗的維管束密合，再放入裝有大顆粒介質的深長型盆器內。約3週左右停止澆水，待新芽長出後再定植。

嫁接

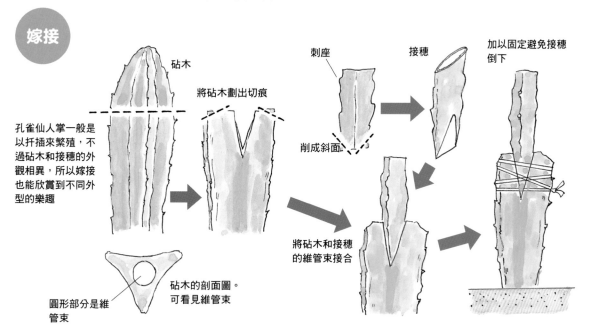

砧木

將砧木劃出切痕

孔雀仙人掌一般是以扦插來繁殖，不過砧木和接穗的外觀相異，所以嫁接也能欣賞到不同外型的樂趣

刺座

接穗

加以固定避免接穗倒下

削成斜面

將砧木和接穗的維管束接合

圓形部分是維管束

砧木的剖面圖。可看見維管束

大眾熟悉的光澤圓形葉片

印度榕

橡膠榕、印度橡膠榕

桑科榕屬／常綠性或是落葉性灌～喬木（高1～20m）

最廣為人知的觀葉植物之一，一般是指具有橢圓形肥厚大葉片的印度榕。也有葉片顏色極深，屬於立葉性的Robusta、葉片較小而且像是菱縮般的阿波羅，以及斑葉的Tineke等，品種豐富。班傑明榕及細葉榕也是近緣種。

月份	狀態	管理	繁殖作業	肥料	重點
1		明亮的室內			雖然具有耐陰性，不過如果長期間沒有照射到陽光會容易徒長
2		明亮的室內			
3		明亮的室內			
4		明亮的室內		每兩個月施一次置肥	
5		全日照管理（綠葉種）	壓條	每兩個月施一次置肥	
6		全日照管理（綠葉種）	壓條／扦插	每兩個月施一次置肥	
7		全日照管理（綠葉種）	扦插	每兩個月施一次置肥	
8		全日照管理（綠葉種）	扦插	每兩個月施一次置肥	
9		全日照管理（綠葉種）		每兩個月施一次置肥	
10		明亮的室內		每兩個月施一次置肥	
11		明亮的室內			
12		明亮的室內			

栽培管理

具有耐陰性，在室內也能栽培，不過若長期放置於室內沒有照射到陽光，會容易引起徒長。春至秋季應管理於能照射到陽光的戶外。斑葉品種則是在半日照或明亮的室內管理。

冬天應減少澆水量，等盆土表面乾燥後經過3～4天再澆水。

可藉由扦插或壓條繁殖。因為日照不足或是生長而造成植株外觀雜亂時，可進行壓條重新調整樹姿。

藉由扦插繁殖

以5～8月為適期。只要有1節就能扦插。將帶有葉片的1節切下，用沾濕的水苔包覆節間。若葉片太大時可用橡皮筋捲起。完成數個後放入盆缽中，避免水苔乾燥管理。發根後可定植，並且使新芽呈現直立狀態。

斑葉品種

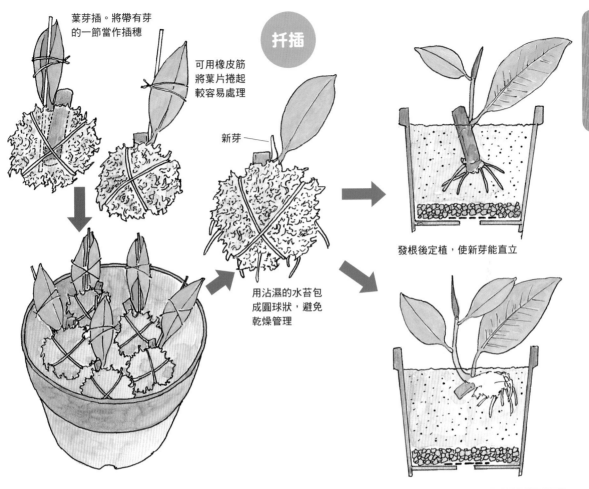

葉芽插。將帶有芽的一節當作插穗

可用橡皮筋將葉片捲起較容易處理

新芽

扦插

用沾濕的水苔包成圓球狀,避免乾燥管理

發根後定植,使新芽能直立

藉由壓條繁殖

　　5～6月為適期。考量壓條後的整體平衡決定位置,進行環狀剝皮。纏繞沾濕的水苔,再包覆塑膠布並綁緊。偶爾從上方澆水,並注意避免水苔乾燥(作業程序可參考30頁)。

　　約2個月左右發現根系長出後即可切離原植株,栽種其他盆器內。若將原有植株進行截剪,還能促進腋芽長出。

❶從塑膠布外側看到根系長出的樣子

❷將塑膠布取下,可得知壓條部分已經充分發根

月份	狀態	管理	繁殖作業		肥料	重點
1		明亮的室內				雖然喜愛日照，但是卻不耐日本的高溫多濕，應減少澆水量
2		明亮的室內				
3		明亮的室內			少量	
4		日照	扦插		少量	
5		日照	扦插	嫁接	少量	
6		30%遮光	扦插	嫁接	少量	
7	開花	80%遮光				
8	開花	80%遮光				
9		30%遮光	實生 扦插	嫁接	少量	
10		日照	扦插	嫁接	少量	
11		日照				
12		室內				

栽培月曆

極具存在感的獨特形狀

仙人掌 仙人扇、霸王樹

仙人掌科仙人掌屬／多年生多肉植物（高0.02～5m）

仙人掌是仙人掌科多肉植物的一種，自生於美洲大陸。為了能儲水應付長期間乾燥，莖部肥大呈現出獨特的形狀。大多數種類帶有刺。運用於室內觀賞植物的大多是以小巧的迷你仙人掌為主。

栽培管理

大多數種類都喜愛日照。雖然是自生於炎熱地區的植物，卻不耐日本的高溫多濕。熱帶夜（夜間溫度超過25度）持續不斷會造成植株弱化，因此在6～9月應進行30%，7～8月進行80%的遮光。冬天可移動至室內，但是由於處於休眠期，所以不需要澆水。盡量放置於能照射到陽光的場所，並且注意暖氣不要太強。

一般藉由扦插繁殖，雖然會自然長出子球（枝條），但是也可以促進子球長出，用來當作插穗。也能藉由嫁接繁殖。

 藉由扦插、實生繁殖

除了會自然長出子球外，切除生長點不久後也會長出子球，這時候再將子球切下當作插穗使用。切下後應放置於通風良好的日陰處7～10天，使切口充分乾燥。再插入仙人掌用的培養土內即可發根。盡量減少澆水量，可促進提早發根。

另外，關於實生繁殖的方法請參考38頁的詳細說明。

藉由嫁接繁殖

仙人掌的生長緩慢，有些種類從實生到開花甚至需要十年以上。在這種情況下，可藉由嫁接提早生長，促進開花。另外，嫁接也可以當作是子球繁殖，或是根部腐爛植株的再生法。

關於嫁接的方法，首先將砧木的前端削成水平。接著削去尖角部分再次切成水平，放上以相同方式處理後的接穗，對齊維管束，再綁線固定。

❶接穗的品種為「象牙丸」，砧木使用的是「龍神木」

❷用刀子削去砧木前端

❸接穗也一樣。剖面的中心可看見圓形的維管束

❹周圍的皮非常硬。若直接嫁接會因為乾燥而使中間凹陷而失敗。因此可將皮削去，但是削去後會失去安定性，因此再次將中央部分削成水平。接穗也是一樣

❺對齊維管束密合

❻繞線固定。雖然外觀不甚美觀，但是能減少開花所需的時間（「象牙丸」可開出美麗的花朵）

月份	狀態	管理	繁殖作業	肥料	重點
1		明亮的室內			注意澆水過度會造成根腐
2					
3					
4					
5		日照	葉插 / 分株	每2週施放一次液肥	
6					
7		半日照			
8					
9		日照			
10					
11		明亮的室內			
12					

被視為「空氣淨化植物」而受到矚目

虎尾蘭
虎皮蘭、錦蘭

龍舌蘭科虎尾蘭屬／半耐寒性多肉植物（高0.1～1m）

在日本也是從以前便以「虎尾」之名稱作為觀葉植物栽培。由於肥厚尖銳的劍葉上，帶有像是老虎紋路的斑紋而得其名。近年來據說這種植物能散發出負離子，只要放置於室內就能淨化空氣，因此再次受到矚目，極受歡迎。也有蓮坐狀（葉片以放射狀接近地面生長）的矮性品種。

栽培管理

植株極為強健，幾乎不需要管理。於5～10月放置於戶外日照充足的場所。炎夏時移動至半日照處。要注意澆水過量容易引起根部腐爛。尤其在日照不足的室內或低溫場所，應保持稍微乾燥的狀態管理。冬天的栽培場所若低於10℃時，應停止澆水，以盆土乾燥的狀態過冬。

可藉由分株、子株分株來繁殖。用葉插法也能簡單繁殖，不過新長出的植株葉片斑紋會消失，呈現綠葉狀態。

 ## 藉由分株繁殖

5～8月為適期。從盆缽中取出，去除舊的土壤，剪下枯葉和根系前端後在切分。定植於赤玉土及腐葉土內混入河砂或蛭石的混合介質中。

另外，從母株伸展的匍匐莖的節間，會長出根系、芽和子株，這時候可直接切離栽種於小盆器內（子株分株）。

若子株過小，之後的管理需要相當的時間，可等子株生長至某個程度大小後再進行分株。

分株方法

①隨著植株長大且長滿整個盆缽時，可進行移植順便分株

②切分成2株

長出新的子株。生長至某個程度後再切離

③確實定植避免倒下。附著子株時，可將子株調整至中間位置栽種

 藉由葉插繁殖

　　將葉片剪成5～10cm當作插穗，放置於通風良好的日陰處使切口乾燥。確認葉片上下方向無誤後，將葉片插入一半於苗床中。避免扦插苗床乾燥，當葉片長出3片葉左右時，就可以移植至小盆器內。

虎尾蘭的一種

葉插的方法

①將葉片剪下，切分成5～10cm當作插穗。在切口乾燥的期間，可將葉片的上下方向做記號以免混淆

②當切口乾燥後，將葉片的下側插入苗床中。大約插入一半避免倒下。長出的新葉無法像原有植株一樣帶有斑紋

月份	狀態	管理	繁殖作業		肥料	重點
			扦插	壓條		
1		明亮的室內				耐乾燥。夏季以外應保持稍微乾燥的狀態栽培
2						
3						
4					每2個月1次施放置肥	
5		日照	扦插	壓條		
6						
7						
8						
9						
10		明亮的室內				
11						
12						

栽培月曆

輕盈的印象為室內點綴綠意

鵝掌藤 七葉蓮、七葉藤、狗腳蹄

五加科鵝掌柴屬／常綠灌木～小喬木（高2～7m）

雖然長年以「香港吉貝」之名稱流通於日本，但是和木棉科的吉貝是屬於不同種類的植物。除了常見的鵝掌藤之外，也有斑葉品種、葉片較寬的品種，以及細葉品種等。若要欣賞高挺的樹木姿態，需要架設支架支撐，但是若放任生長莖部會往橫向彎曲擴展，也能欣賞到自然風的樹姿。

栽培管理

雖然喜好日照，但是耐陰性也極佳，在室內就能充分生長。若想要栽培出節間密實的茁壯植株，可於春至秋季放置於日照充足的戶外。耐乾燥，應待盆土表面完全乾燥後再澆水。尤其在秋至春季之間，保持稍微乾燥的狀態栽培即可。

可藉由扦插或壓條繁殖。當植株長大而且長出氣根，下側葉片凋萎使植株外觀凌亂時，可藉由壓條重新調整樹姿。

 ## 藉由扦插繁殖

5～9月為適期。剪下帶有1～3節的莖部。若節數較多時，可將下側葉片剔除，保留的葉片也剪成一半。

將插穗插入一半於赤玉土等介質中，放置於明亮的日陰處管理，避免乾燥。也可以用沾濕的水苔包覆切口，當根系長出水苔外時，即可定植於小盆器內。

插穗的製作方法

❶葉片數量增多的鵝掌藤

❷於節的上方（圓形照片內的箭頭部分）剪下

❸帶有1～3節的插穗，將下側葉片剔除調整插穗

 ## 藉由壓條繁殖

5～9月為適期。想像壓條的樹姿，在能取得外型平衡的位置進行環狀剝皮。露出黃白色的木質部，用沾濕的水苔纏起後，包覆塑膠袋並且用繩子纏繞固定，避免水苔乾燥管理。看到根系長出時，即可將塑膠布和水苔拆下，定植於盆器內。

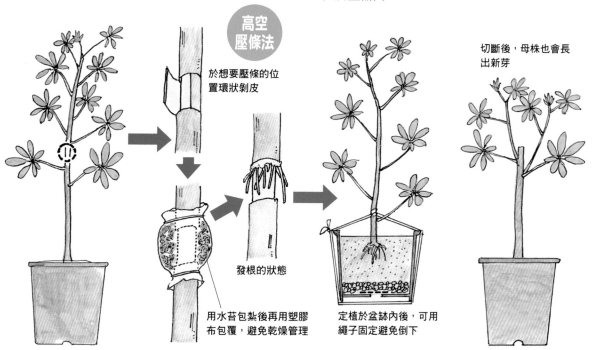

高空壓條法

於想要壓條的位置環狀剝皮

發根的狀態

用水苔包紮後再用塑膠布包覆，避免乾燥管理

定植於盆缽內後，可用繩子固定避免倒下

切斷後，母株也會長出新芽

197

月份	狀態	管理	繁殖作業	肥料	重點
1	開花				若突然改變盆栽放置場所，會導致花苞掉落
2		明亮的室內			
3		明亮的室內			
4		修剪	芽插	每2週施放1次液肥	
5		修剪	芽插／實生（從開花至果實成熟需要1年）	每2週施放1次液肥	
6		日照	芽插／實生	每2週施放1次液肥	
7		日照	實生	每2週施放1次液肥	
8		日照	實生	每2週施放1次液肥	
9		日照	實生	每2週施放1次液肥	
10		明亮的室內			
11	開花	明亮的室內			
12	開花	明亮的室內			

繁殖簡單的仙人掌類

蟹爪蘭

螃蟹蘭、聖誕仙人掌

仙人掌科蟹爪蘭屬／多年生多肉植物（高0.1～0.3m）

原產於巴西的仙人掌類。而葉片較圓的則是仙人指。蟹爪蘭的開花時期為12月左右，而仙人指的開花期則是在2～3月。不過最近的交配品種愈來愈多，所以也變得難以區分。花色除了紅色、桃紅色、白色之外，也出現了黃色品種。

栽培管理

較不耐環境的變化，應盡量避免突然改變盆栽放置的場所。

另外，由於蟹爪蘭屬於仙人掌類，經常會被認為不需要水就能生長，但是蟹爪蘭的原產地是附生於山地的岩石或樹木上，因此和一般的植物一樣喜愛水分。當盆土乾燥後應充分澆水。

一般而言可藉由扦插簡單繁殖。如果想嘗試家庭園藝交配的人，也可以利用實生來繁殖。

藉由扦插、實生繁殖

植株開完花後，於4～5月將葉片摘下2～3節進行修剪。可利用這時候摘下的葉片當作插穗。將3～5片葉集中扦插於用赤玉土、蛭石、珍珠石等比例混合而成的介質中，或是用水苔包覆基部，避免乾燥管理。

實生繁殖可挑選不同花色的品種交配。若授粉成功的話花瓣會掉落，子房膨脹，果實長大。當果實黑熟且即將裂開前，可採取種子，播種於裝入河砂的苗床。

插穗

❶長滿整個盆缽的蟹爪蘭。開花後的植株可於4～5月修剪。可將剪下的葉子當作插穗利用

分別剪下2～3節（也可以用手摘下）

❷將剪下的插穗，以每5～10根用橡皮筋綁起

❸將綁起的插穗插入苗床。也可以利用黑軟盆。或是用沾濕的水苔纏繞插穗下方，再放入苗盤中避免乾燥管理。雖然發根較快，但也容易腐爛。發根後應立刻栽種於盆器中

月份	狀態	管理	繁殖作業	肥料	重點
1	開花				多花素馨需要接觸低溫才能長出花芽
2				施肥	
3					
4					
5				施肥	
6					
7		修剪	扦插		
8					
9		定植			
10					
11					
12	開花				

富有存在感的甜美香氣

茉莉 夜素馨

木樨科素馨屬／常綠～半落葉小喬木

在12～4月會以盆栽形式出現於市面上的白花為多花素馨。常綠藤蔓性，經常會纏繞在圓柱型支架上販售。也有些同樣具有甜美香氣，而且名稱中有茉莉的花木，像是鮮黃色花朵的卡羅萊納茉莉屬於鉤吻科，在夏天開出白花的馬達加斯加茉莉則是屬於蘿藦科。

栽培管理

　　不論哪種種類都生長旺盛，喜愛日照充足的環境。多花素馨或卡羅萊納茉莉可直接栽種於地面，讓藤蔓纏繞拱門或是圍籬生長，而且幾乎不需要修剪。若栽培於盆栽內時，只有卡羅萊納茉莉可在戶外過冬，其他種類應移動至室內。多花素馨需要受到秋季低溫才能長出花芽，所以可放置於不會下霜的場所，使植株接觸低溫。

　　開花後修剪下來的枝條可用來扦插繁殖。

 藉由扦插繁殖

　　以6月下旬～8月上旬為適期。在當年長出的枝條當中選出活力茂盛的枝條，切下帶有葉片的2～3節。不使用前端柔軟的新芽。將插穗插入水中吸水30分～1小時，再插入用同量鹿沼土、蛭石、珍珠石、泥炭土混合而成的介質中。

　　放置於半日照處管理，避免乾燥，約3週～1個月發根後，即可定植於培養土中。

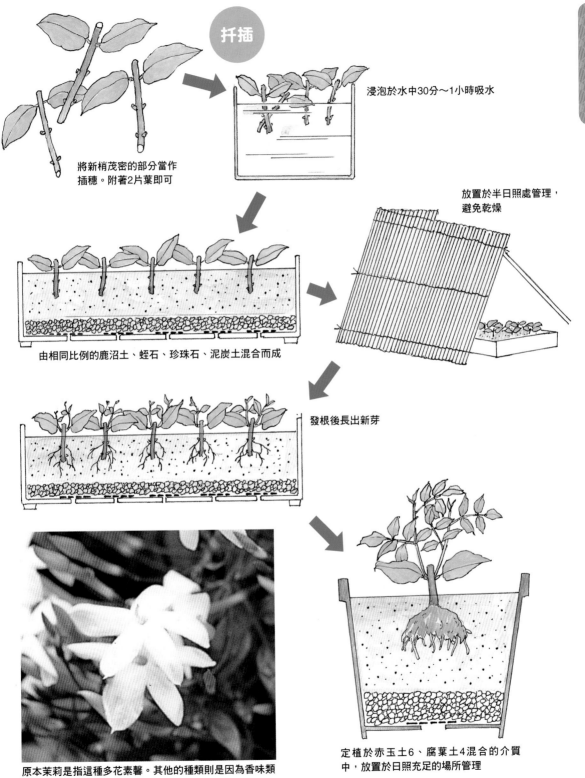

扦插

將新梢茂密的部分當作插穗。附著2片葉即可

浸泡於水中30分～1小時吸水

放置於半日照處管理，避免乾燥

由相同比例的鹿沼土、蛭石、珍珠石、泥炭土混合而成

發根後長出新芽

原本茉莉是指這種多花素馨。其他的種類則是因為香味類似而稱為茉莉

定植於赤玉土6、腐葉土4混合的介質中，放置於日照充足的場所管理

色澤鮮艷、四季開花的健壯植物

天竺葵

石臘紅、入臘紅、日爛紅、洋葵

牻牛兒苗科天竺葵屬／非耐寒性多年生草本（高0.2～0.5m）

植株健壯，只要溫度有12℃以上就能四季欣賞到花朵。有斑葉及重瓣花等品種豐富，從江戶時代以來就以天竺葵之名稱而為人所知。花朵非常華麗而且只開一季的稱為大花天竹葵。匍匐性且適合用吊盆栽培的盾葉天竺葵，被歸類為香草而且具有香氣的香氣天竺葵也很受歡迎。

栽培管理

栽種於排水良好的介質中，放置於日照充足的場所管理。耐乾燥，不耐高溫多濕，在秋及冬季注意不要澆水過度。只要日照和溫度足夠的話，一年四季都能開花，因此應避免肥料不足。

開完花後若放任不管，殘花會因為腐敗而容易出現疾病。可輕搖莖部使花瓣脫落，儘早去除。

一般是藉由扦插繁殖，不過也可利用實生來繁殖。

藉由扦插、實生繁殖

扦插的適期為4～6月及9～10月。使用粗而茂密、尚未木質化的新梢當作插穗。將新梢的前端7～8cm於節的上方剪下，保留3～5片葉，下側葉片剔除。

浸泡於水中30分～1小時吸水後插入苗床，並充分澆水。之後可維持稍微乾燥的狀態管理，以利發根。經過2～3週發根後，可定植於培養土中。

最近也有許多能進行實生繁殖的品種。發芽

的適溫為25℃左右，適期為4～6月。播種於
裝入排水性佳介質的苗床中，再覆蓋一層薄
土。若擔心溫度不足的話，可套上塑膠罩保
溫。於4～5個月後即可開花。

扦插芽的製作方法

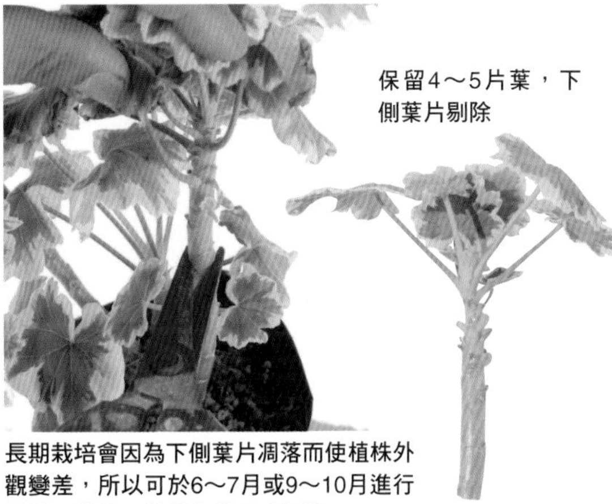

保留4～5片葉，下
側葉片剔除

長期栽培會因為下側葉片凋落而使植株外
觀變差，所以可於6～7月或9～10月進行
截剪。將剪下的枝條利用成插穗

扦插

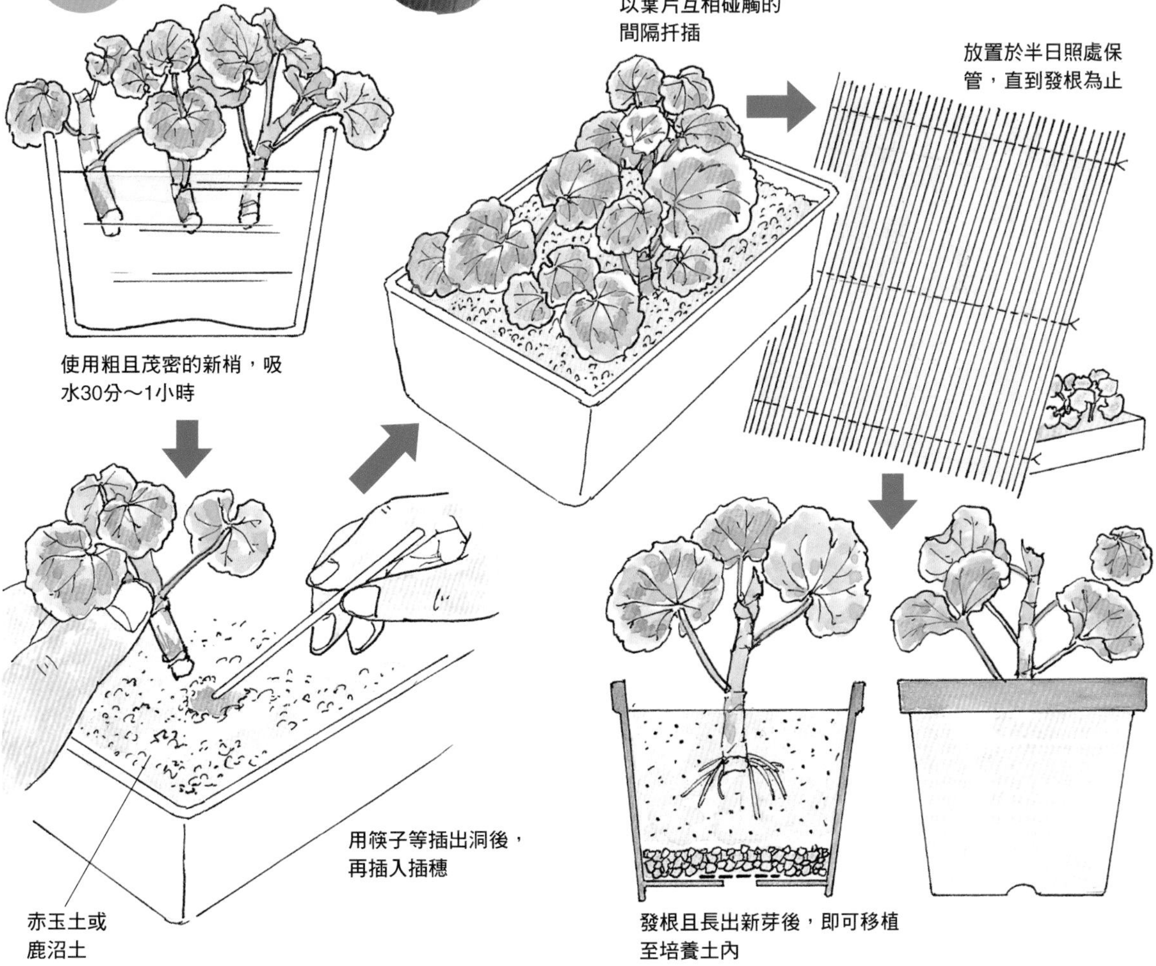

以葉片互相碰觸的
間隔扦插

放置於半日照處保
管，直到發根為止

使用粗且茂密的新梢，吸
水30分～1小時

用筷子等插出洞後，
再插入插穗

赤玉土或
鹿沼土

發根且長出新芽後，即可移植
至培養土內

植株樣貌及葉色豐富

龍血樹 千年木

龍舌蘭科龍血樹屬（虎斑木屬）／非耐寒性常綠灌～喬木（高1～6m）

有「幸福的樹」別稱的香龍血樹、葉片細長的紅邊龍血樹，以及莖部細長、圓葉帶有斑紋的星點木等，同樣是龍血樹類也呈現出豐富的植株樣貌。所修整的樹形大小也從可以放在掌心的迷你尺寸至2m左右的大型盆器，變化豐富。

栽培月曆

月份	狀態	管理	繁殖作業	肥料	重點
1		明亮的室內			於5～9月放置於戶外照射陽光，可讓葉色更美麗
2		明亮的室內			
3		明亮的室內			
4					
5		日照	扦插　壓條	每週施一次液肥	
6		日照	扦插　壓條	每週施一次液肥	
7		日照	扦插　壓條	每週施一次液肥	
8		日照	扦插　壓條	每週施一次液肥	
9		日照	扦插　壓條	每週施一次液肥	
10		明亮的室內			
11		明亮的室內			
12		明亮的室內			

栽培管理

雖然喜愛日照，但是植株非常強健且具有耐陰性，所以在明亮的室內也能生長。於5～9月放置於戶外，可讓葉色更美麗。紅葉或斑葉品種則應放置於半日照處管理。

大多數的種類只要減少澆水量，就算在8℃左右也能過冬。雖然市面上也有販售用發泡煉石栽培的盆栽，不過秋季仍建議移植至一般觀葉植物用的培養土中，管理較為容易。

可藉由扦插繁殖。將莖橫放於苗床上也能繁殖。而星點木可藉由分株來繁殖。

藉由扦插繁殖

以5～9月為適期。可將帶有葉片的頂芽扦插，或是用莖部進行中段枝插。頂芽扦插時為防止葉片蒸散，可稍微綁起或是截剪成一半。插入苗床中，放置於明亮的日陰處管理，避免乾燥。約1～2個月發根後，移植至培養土內。若母株於適當的位置截剪，會從切口的下方長出腋芽。

進行中段枝插時，像是香龍血樹這種莖部較粗的種類可用鋸子鋸斷，於切口塗抹癒合劑，以防止乾燥或腐敗。

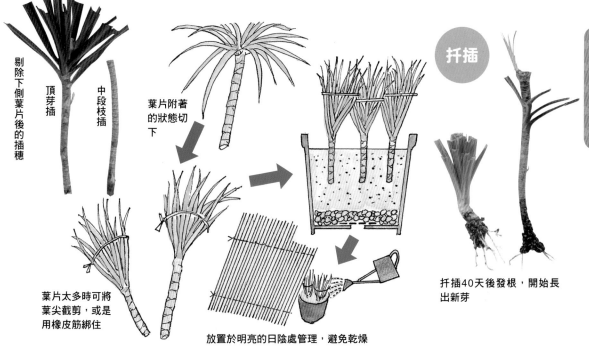

剔除下側葉片後的插穗

頂芽插

中段枝插

葉片附著的狀態切下

扦插

葉片太多時可將葉尖截剪，或是用橡皮筋綁住

放置於明亮的日陰處管理，避免乾燥

扦插40天後發根，開始長出新芽

 藉由壓條繁殖

以5～9月為適期。葉片會隨著生長凋落，

可在中間伸長部位的適當位置進行環狀剝皮或舌狀剝皮。用沾濕的水苔包紮，再包覆塑膠布，避免乾燥管理。

透過塑膠布發現根系長出時，即可於壓條的下方切下定植。

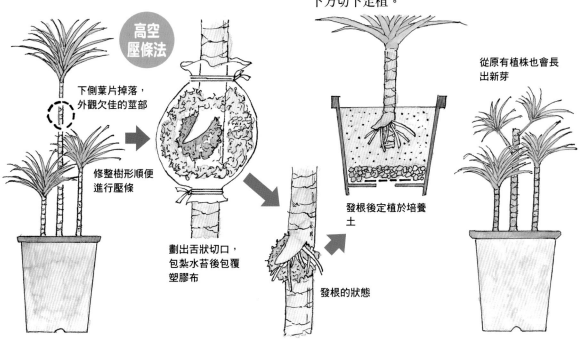

高空壓條法

下側葉片掉落，外觀欠佳的莖部

修整樹形順便進行壓條

劃出舌狀切口，包紮水苔後包覆塑膠布

發根的狀態

發根後定植於培養土

從原有植株也會長出新芽

栽培月曆

月份	狀態	管理	繁殖作業	肥料	重點
1		明亮的室內			只要管理於可照射到日光的溫暖室內，即使在冬天也能持續開花
2					
3					
4					
5	開花	日照	扦插　嫁接	每週施1次液肥	
6					
7					
8					
9					
10					
11		明亮的室內			
12					

鮮豔的花帶來南國風情

朱槿　扶桑花

錦葵科木槿屬／常綠灌木（高0.2～1.5m）

品種豐富，有在夏威夷改良的大朵且花色美麗的夏威夷系品系，以及中、小型花而且強健的歐洲品系等。市面上販售價格較低的為後者，分枝多，適合栽種於盆器內，耐低溫，在日本關東南部以西地區，能長期間開花直到晚秋。

栽培管理

　　若想要欣賞花朵盛開的姿態，應栽培於日照充足的場所。若缺水會造成花苞掉落，所以在容易乾燥的夏季應於早上及傍晚澆水2次。

　　秋季可儘早移動至室內，放置在能照射到陽光的場所，並且減少澆水量。冬天若能維持在25～30℃的話，就可以持續開花。當氣溫降至15℃以下時葉片會掉落，應盡量管理於溫暖的室內。

　　可藉由扦插或嫁接繁殖。歐洲品系生長旺盛，也可藉由壓條來繁殖。

 ## 藉由扦插繁殖

　　以5～9月為適期。將過長的枝條從基部剪下，促進長出腋芽。而剪下的枝條則可利用為插穗。

　　將枝條剪成7～10cm長度當作插穗，保留2～3片葉，剔除下側葉片，較大的葉片可剪成一半。

　　吸水30分～1小時後，即可插入苗床中。

　　放置於半日照處管理，避免乾燥，約3週左右發根後，再栽種於培養土內。

插穗的製作方法

❶長出腋芽，生長茂盛的朱槿

像這樣在如果在節的上方剪斷後，形成層就能卷繞塞住切口，若從中間剪斷就無法塞住傷口，而使植株從切口枯萎

❸以15～20cm左右的長度，於節的上方剪斷。剔除花苞

❷修剪過於茂密的部分，將剪下的枝條利用為插穗。務必要在節的上方剪斷

❹剔除下側葉片，不過保留一些葉片才能讓發根後的生長狀況較佳。將插穗的基部削成斜面

藉由嫁接繁殖

　夏威夷品系的生長較慢，因此可嫁接在歐洲品系的砧木上。將茂密的新梢當作接穗，插入水中吸水。砧木可準備樹幹約有鉛筆粗細的苗木，於植株基部附近切斷。進行切接後，用石蠟膜帶纏繞固定。

　約2個月左右長出新芽時，再移植至培養土中。

朱槿的花

葉片於樹幹上呈傘狀擴展生長

馬拉巴栗

招財樹、美國花生

木棉科馬拉巴栗屬／非耐寒性落葉、常綠喬木（高5～20m）

扦插苗的樹幹雖然為直線型，不過實生苗的植株基部則會膨大，呈現出酒瓶狀。可使粗大的樹幹長出新芽，或是當實生苗的莖部仍柔軟時，將數根莖部加以編織、扭轉成各種造型。從大型盆栽、迷你觀葉植物、發泡煉石栽培等，用途非常廣泛。也有斑葉品種。

栽培管理

　　喜好日照。耐陰性強，長期放置於室內也能生長，但是日照不足會使植株呈現徒長狀態。於冬季以外的季節建議在戶外栽培，能培育出茂密的植株樣貌。當盆土乾燥後再澆灑大量水分。冬天可於盆土乾燥後2～3天再澆水。

　　可藉由扦插繁殖。生長太高的植株可於喜愛的高度切斷樹幹，重新調整樹姿。雖然市面上較少看到種子，但是發芽率高，而且從實生也能生長快速。

 ## 藉由扦插繁殖

　　7～8月為適期。於喜愛的高度切斷樹幹，扦插於赤玉土、蛭石或是水苔等苗床。枝條或樹幹就算沒有葉片附著也能長出新芽，因此可切成5～10cm利用成插穗。避免乾燥管理，直到發根為止。將切下的插穗插入水中扦插也很容易發根。

　　從原有植株切口的下方也會長出腋芽，所以可於自己喜好的高度切斷，再施灑稀釋液肥管理。

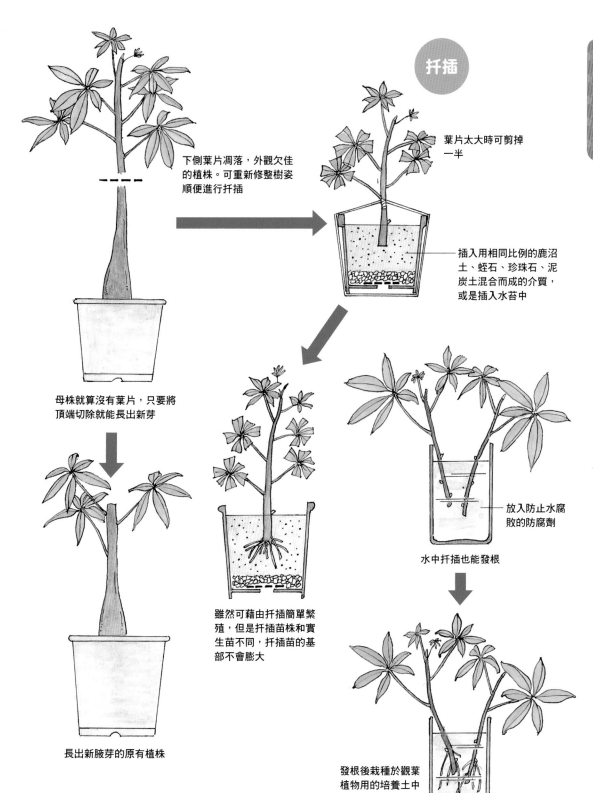

扦插

下側葉片凋落，外觀欠佳的植株。可重新修整樹姿順便進行扦插

葉片太大時可剪掉一半

插入用相同比例的鹿沼土、蛭石、珍珠石、泥炭土混合而成的介質，或是插入水苔中

母株就算沒有葉片，只要將頂端切除就能長出新芽

放入防止水腐敗的防腐劑

水中扦插也能發根

雖然可藉由扦插簡單繁殖，但是扦插苗株和實生苗不同，扦插苗的基部不會膨大

長出新腋芽的原有植株

發根後栽種於觀葉植物用的培養土中

209

月份	狀態	管理	繁殖作業	肥料	重點
1	開花	明亮的室內			除了炎夏以外，若管理適當周年都可開花
2					
3					
4		日照	芽插　分株	每個月施放1次置肥	
5					
6					
7		半日照			
8					
9		日照			
10	開花				
11		明亮的室內			
12					

盛開的小白花彷彿是新娘頭紗

細梗鴨跖草　新娘草

鴨跖草科鴨跖草屬／半耐寒性多年生草本（高0.1～0.2m）

帶給人柔軟的印象，再加上白色小花覆蓋整個植株盛開的樣貌，因此有別名「新娘草」。生長旺盛，若栽種於吊盆中，甚至茂密到覆蓋盆缽，呈現出球狀的植株外觀。若栽培於明亮的窗邊或屋簷下，在炎夏以外一整年都能欣賞到花朵。

栽培管理

　　不喜好炎夏的直射日光，但是在其他時期應盡量栽培於日照充足的場所。冬天可放置於屋簷下或是日照充足的窗邊管理。在不會下霜的溫暖地區，也可以直接栽種於地面。到了冬天葉尖多少會受損，不過從春天開始又會長出新芽，所以不用太擔心。

　　莖葉數量多，因此植株容易過於悶熱。盡量管理於通風良好的場所。

　　當莖部生長過於茂密時，會從植株基部枯萎或是有損外觀，因此可將整體的1/3進行修剪。修剪後可將莖部扦插繁殖。

 ## 藉由扦插、分株繁殖

　　以4～10月為適期。將修剪下來的莖部集中扦插於培養土中。不需要特別準備扦插苗床。避免乾燥管理。約1個月後發根。若生長順利，長出新芽後，可將整體剪去3～5cm，就能促進分枝，呈現出茂密的植株樣貌。

　　也可以藉由分株繁殖。將整體修剪後從盆缽中取出，用手剝開分株。去除腐壞的根部或枯葉，將根系下方的1/3截剪。將根系稍微舒展開來，栽種於新的培養土內。

扦插的繁殖方法

❶栽種於吊盆中的細梗鴨跖
草，莖和葉片生長過於茂密

❷將長出於盆外
的莖部，沿著
盆緣剪下

❸修剪完成。剪下的
莖可用來當作插穗

❹將修剪下來的莖整理成束，放
入培養土中定植

❺於盆底放入培養土後，將整把莖放入栽種，再於周圍放入培養
土。只要莖的數量夠大把，很快就能作為吊盆欣賞

根莖性秋海棠

月份	狀態	管理	繁殖作業	肥料	重點
1	明亮的室內				要注意根據種類不同，適合放置的場所也會有所不同
2	明亮的室內		實生		
3	明亮的室內		實生		
4			葉插		
5			葉插		
6	開花（四季秋海棠）	日照（四季秋海棠）	芽插	每週施1次液肥	
7	開花（四季秋海棠）	日照（四季秋海棠）		每週施1次液肥	
8	開花（四季秋海棠）	日照（四季秋海棠）		每週施1次液肥	
9	開花（四季秋海棠）	日照（四季秋海棠）	葉插	每週施1次液肥	
10	開花（四季秋海棠）	日照（四季秋海棠）	葉插	每週施1次液肥	
11	開花（四季秋海棠）	日照（四季秋海棠）			
12	室內				

花朵及葉片的種類都很豐富
秋海棠類 八香、無名斷腸草

秋海棠科秋海棠屬／一年生草本、多年生草本（球根秋海棠）

有能夠不斷欣賞到開花之姿的四季秋海棠、麗格海棠，獨特葉片紋路及質感深具魅力的紫葉秋海棠，以及根莖性秋海棠（球根秋海棠）等種類豐富。

栽培管理

四季秋海棠是從春至初冬持續開花的強健品種。應放置於戶外照射充足日照栽培。若澆水過度或是長期間淋雨的話，會讓植株基部腐爛。

麗格海棠或是紫葉秋海棠可放置於室內，照射透過蕾絲窗簾的日光栽培。冬天應放置於可保溫10℃以上的室內，減少澆水量管理。

四季秋海棠可簡單藉由實生繁殖，不過其他種類則是藉由扦插繁殖。

 ## 藉由扦插繁殖

頂芽插可在初夏將附著腋芽的莖部切成6～7cm，保留前端3～4片葉，剔除下側葉片。將頂芽插入水中吸水1小時左右，再插入苗床管理，避免乾燥。約1個月後即可定植於培養土中。

麗格海棠或是紫葉秋海棠也可以藉由葉插來繁殖。以4～5月及9～10月為適期。將葉片連同葉柄剪下，充分吸水後扦插於苗床。沿著葉脈剪開扦插於苗床的方法也能發根、發芽。

葉插方法（麗格海棠／球根秋海棠）

❶葉片茂密長滿盆栽的麗格海棠

❷除了炎夏以外，都能藉由葉插簡單繁殖

❸將一片葉子剪成數片

❹將葉片的1/3插入土中

❺也可以整片葉扦插。稍微附著一些葉柄（照片為球根秋海棠）

❻以葉片互相碰觸的間隔扦插

如何挑選插穗（球根秋海棠）

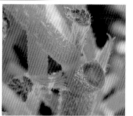

頂芽插也能簡單發根。使用帶有腋芽的莖部當作插穗。不過若選到帶有花芽（從節間長出）的莖部來扦插時，便會不斷長高而無法分枝（參考右邊照片）。可選擇有如上方照片般帶有芽的莖部

有如上方兩張照片般，將花莖途中附著的葉芽扦插也不會分枝

 藉由實生繁殖

　　以2月中旬～3月為適期。四季海棠的種子非常細小，可播種於壓縮泥炭板後不要覆蓋土壤，再從底部吸水或是用噴霧器灑水。約1個月後以3cm的間隔假植，當本葉長出2～3片後再移植於盆器中。市面上也有販售披衣種子，處理起來較簡單，還可以直接播種於盆器中。

麗格海棠

聖誕節的人氣盆花
聖誕紅 一品紅

大戟科大戟屬／非耐寒性常綠灌木（高0.1～1.5m）

看起來像花的部分其實是苞片，而中間有如豆子狀的黃色部分才是花。苞片的顏色除了紅色之外，市面上也有白色、粉色、鮭魚粉、斑紋及細點紋路等品種。除了能欣賞到株立的姿態外，也可以修整成在直立的樹幹上長出茂密球型葉片的樹姿。植株可栽培高達至數公尺，最近迷你類型也很受歡迎。

栽培月曆

月份	狀態	管理	繁殖作業	肥料	重點
1	開花	明亮的室內			為了要讓苞片顏色鮮豔，應於9月上旬過後，於傍晚5點至早上8點進行遮光
2	開花	明亮的室內			
3	花	明亮的室內			
4	花	明亮的室內			
5		日照	扦插	每個月1次施放置肥	
6		日照	扦插	每個月1次施放置肥	
7		日照	扦插	每個月1次施放置肥	
8		日照		每個月1次施放置肥	
9		日照		每個月1次施放置肥	
10		日照		每個月1次施放置肥	
11		明亮的室內			
12		明亮的室內			

栽培管理

　　於冬天取得的盆栽，可放置於日照充足的窗邊栽培。夜晚最低應保持10℃以上，但是超過25℃會造成植株落葉或衰弱，避免放置於暖氣太強的室內。

　　春至秋季應放置於戶外照射充足陽光。苞片在短日照下才能充分上色，所以到了9月上旬，可於傍晚5點至隔天早上8點用紙箱罩住進行遮光。

　　可藉由扦插繁殖。於春季移植調整樹形時，將剪下來的枝條當作插穗利用。

藉由扦插繁殖

　　5～7月為適期。將新芽剪成10cm左右當作插穗。保留3～4片葉，剔除下側葉片，葉片太大時可剪去一半。會從切口流出白色汁液，因此可用水沖洗乾淨。插入水中1小時左右吸水，接著插入苗床中，放置於半日照處管理，避免乾燥。約3週左右即可發根，再移植至培養土內栽培。

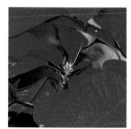

黃色部分為花

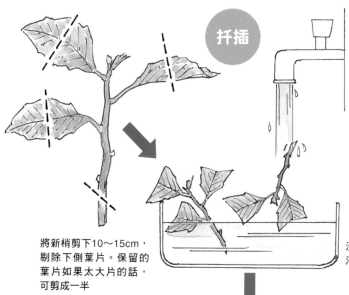

扦插

將新梢剪下10〜15cm，
剔除下側葉片。保留的
葉片如果太大片的話，
可剪成一半

洗去從切口流出的白色汁
液，浸泡於水中

苞片為白色的品種

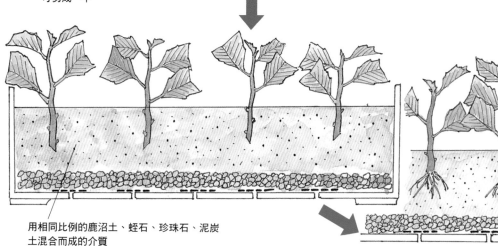

用相同比例的鹿沼土、蛭石、珍珠石、泥炭
土混合而成的介質

放置於半日照處管理，避免
乾燥，約3週後即可發芽

※到了9月上旬可於傍晚5點至隔天
早上8點蓋著紙箱遮光

發根後栽種於培養土中

心型葉片不論和風或洋風都適合

黃金葛 萬年青

南星科麒麟葉屬／非耐寒性蔓性多年生草本

成株的葉片長度可達60cm以上，藤蔓也能生長超過10m。以吊盆樣式販售於市面上的盆栽，是葉片還很小的幼株樣貌。於盆栽中間立棕柱栽培，葉片就會愈長愈大。植株強健，不論是日式或洋式的房間都很適合搭配。

栽培管理

　　非常強健，而且也耐乾燥。雖然具有耐陰性，但是當日照不足會使斑紋變得不明顯，或是藤蔓徒長，呈現出纖弱的植株姿態。應盡量放置於日照充足的場所，冬季減少澆水量。於5〜10月放置於戶外直射陽光處，可培育出強健茂盛的植株樣貌。氮肥施放過量會讓斑紋變得不明顯，應多加注意。

　　經常會長出氣根，因此扦插也很容易。當下側葉片脫落、莖部伸長而造成植株型態失去平衡時，可進行修剪順便扦插繁殖。

 藉由扦插繁殖

　　以5〜9月為適期。如果是中間立有棕柱的盆栽類型，可從下側葉片掉落的部分進行修剪，並放置於明亮的日陰處管理，就可長出腋芽。

　　在修剪下來的藤蔓當中，盡量挑選葉片斑紋漂亮的部分當作插穗。浸泡於水中30分〜1小時吸水，扦插於苗床中，放置於半日照處管理，避免乾燥。

　　約1個月左右發根，再移植至培養土中栽培。

扦插繁殖

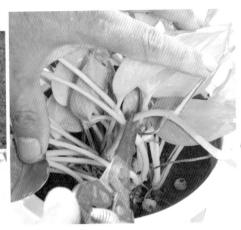

❶吊盆型態的黃金葛（左側照片）。5～9月為扦插的適期。不論從哪裡剪都可以，不過建議可從下側葉片掉落的部分剪下（右側照片）

❷將剪下的藤蔓綁成2束，對齊切口再插入苗床中，扦插至藤蔓呈現於安定的深度即可

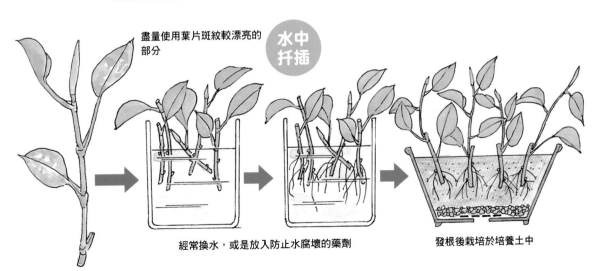

盡量使用葉片斑紋較漂亮的部分

水中扦插

經常換水，或是放入防止水腐壞的藥劑

發根後栽培於培養土中

此外，將插穗扦插於花瓶中也很容易發根。應注意要經常換水，避免腐爛。用水苔包覆插穗切口，避免乾燥管理，或是利用吸水性海綿等也是很簡單的繁殖方法。

栽培月曆

月份	狀態	管理	繁殖作業	肥料	重點
1		明亮的室內			從切口分泌的乳汁帶有毒性，應避免碰觸
2					
3					
4					
5	開花	半日照	芽插　分株	每1個月施放1次置肥	
6					
7					
8					
9					
10		明亮的室內			
11					
12					

寬大的斑葉非常優雅

黛粉葉　彩葉萬年青

天南星科花葉萬年青屬／半耐寒性多年生草本（高0.3～2m）

會往上長出寬大的葉片，大多數為株立狀。根據品種不同，植株型態及葉片的斑紋變化也非常大，斑紋的樣式也會因為個體而異，挑選自己喜愛的植株也是一種樂趣。也有幾乎不帶斑紋的品種。將莖部切開後分泌的乳汁帶有毒性，在處理時應避免接觸。

栽培管理

雖然不喜好直射陽光，但是長期間放置於日照不足的場所會讓植株弱化。於春至秋季放置於戶外的半日照處最為理想。室內可照射透過蕾絲窗簾的日光。冬季則應照射透過玻璃的日光。不耐寒冷，冬天應避免栽培於溫度10℃以下的場所，並且減少澆水量。喜愛空氣中的濕度，一整年都可用噴霧器噴灑葉水。當下側葉片凋落，整體樹形失衡時可進行截剪，再將剪下的枝條當作插穗利用。可進行頂芽插或中間段枝條扦插。

 藉由扦插繁殖

以6～7月為適期。樹形凌亂的原有植株可於基部附近截剪，並更換新的培養土栽種，就能促進長出腋芽。而修剪下的莖部可將每3～4個節剪成一段當作插穗。頂芽可根據植株或葉片大小，從葉片下方15～20cm處剪下。

插入苗床中，避免乾燥管理，約2～3週即可發根，再定植於培養土中。

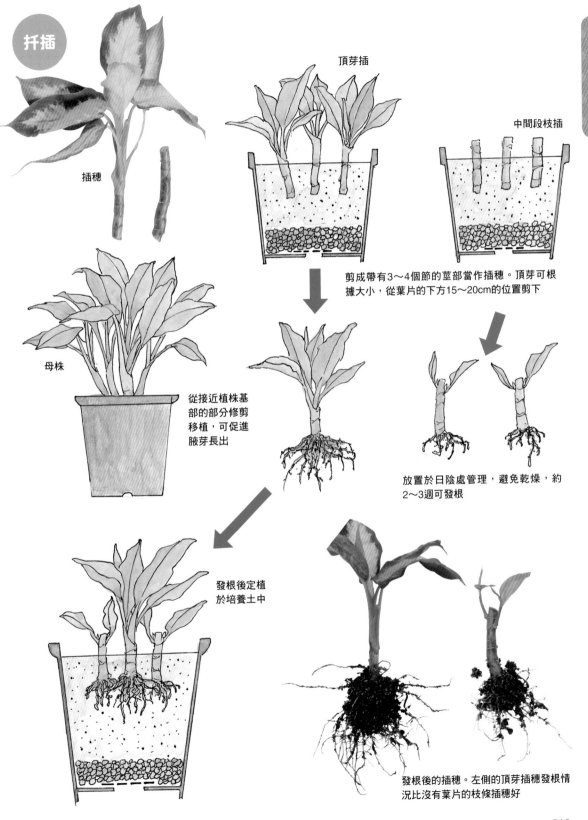

扦插

頂芽插

插穗

中間段枝插

剪成帶有3～4個節的莖部當作插穗。頂芽可根據大小，從葉片的下方15～20cm的位置剪下

母株

從接近植株基部的部分修剪移植，可促進腋芽長出

放置於日陰處管理，避免乾燥，約2～3週可發根

發根後定植於培養土中

發根後的插穗。左側的頂芽插穗發根情況比沒有葉片的枝條插穗好

藉由分株繁殖

到了溫暖時期植株生長變得旺盛，會從基部長出子株。

這時候可將植株從盆中取出，去除老舊土壤，再區分成自己喜好的大小。這時候也會從切口處分泌乳汁，要注意別觸碰到。

定植於培養土中，放置於明亮的日陰處管理，避免乾燥。

分株（黛粉葉）

子株2盆

盡量去除老舊的土壤，分成2～3株

母株

經過2年後根系長滿盆栽內

分株（白鶴芋）　很受歡迎的白鶴芋也同樣是天南星科的觀葉植物

從盆中取出去除老舊土壤，再將過長的根系截剪

陸續長出子株，同時開花狀態也會變差，建議每2年進行1次移植或分株

嘉德麗雅蘭

蘭科嘉德麗雅蘭屬／多年生草本

有洋蘭女王之稱的嘉德麗雅蘭品種豐富，花色及植株型態也非常多元。另外，除了春季開花、夏季開花、冬季開花之外，還有不定期開花或是每年開2次花的種類，每種類型的栽培管理都有所不同。在這裡介紹的是一般常見的秋季開花品種。應將植株於5月中旬～10月中旬放置於戶外通風良好的場所。春及秋季為20～30%，夏季需進行50%程度的遮光。10月～5月上旬移動至室內，照射透過蕾絲窗簾的光線即可。在春～夏季的生長期若表面的水苔乾燥時，可澆灑大量水分直到從盆底流出為止。冬天則是等到盆內完全乾燥後再澆水，而澆水量控制在傍晚盆內不再殘留水分的程度。肥料可於4～7月，每月施灑2～3次的稀釋液肥。一般可藉由分株繁殖。當介質（水苔等）老舊，植株或根系從盆缽中長出時就需要進行移植。分株可和移植同時進行。適期為新芽長出2～3cm的時期。

鐵線蓮

毛茛科鐵線蓮屬

花朵樣式及顏色多元，也有一季開花及四季開花等豐富品種，極受歡迎。定植的適期溫暖地區為2月，寒冷地區則為4～5月。雖然半日照也能生長，不過鐵線蓮喜好日照。不耐夏季的高溫乾燥。在植株基部鋪設腐葉土或是稻草，可有效防止乾燥。有四季開花、一季開花等許多品種，整枝及開花方式都會多少有差異。一般是藉由扦插繁殖。將茂密且帶有2節的新梢剪下當作插穗。

君子蘭　劍葉石蒜

石蒜科君子蘭屬（植物高度20～80cm）

原產於南非。可開出華麗的花朵，葉片也非常漂亮，可當作觀葉植物欣賞。除了橘色花之外，還有黃花、白花、斑葉品種等。不喜好強烈的日照及高溫。於春～秋季放置於半日照且通風良好的場所，在下霜前移動至明亮的室內。受到5～10℃低溫60～70天就會長出花芽。喜好肥料，若缺肥會造成葉色變差。於4～10月除了炎夏以外，應每2個月施放1次化學合成肥料，以及每個月施灑2～3次的液肥。一整年當中，盆土表面顏色變淡乾燥後，再充分澆水即可。可藉由分株簡單繁殖。根系非常粗且生長茂盛，所以每2～3年可進行1次移植。這時候如果子株的葉片有5～6片以上的話即可分株，增加植株數量。分株時期為開花後的4月下旬～5月。

分株

當子株葉片長出
5～6片時，可連
同根系切離原有植
株

用刀子切開

鷺蘭 狹葉白蝶蘭

蘭科白蝶蘭屬／多年生草本（植株高度10～40cm）

是需要充足日照的溼地性植物。春～秋季放置於日照充足的場所，當地上部枯萎後可移至棚架下方等，避免盆土結凍。喜好水分，要注意避免缺水。從春天至地上部枯萎的這段期間，待盆土表面顏色變淡後再充分澆水。花色開始褪色後應儘早摘除，每10天施灑1次稀釋液肥，促進球根肥大。繁殖方法為分球莖。當花期結束，地下莖生長，會在前端長出新的球莖。當地上部完全枯萎後，可將植株從盆缽中取出，取下新的球莖，用沾濕的水苔包覆，裝入塑膠袋中保存，於隔年春天3月定植。

大花蕙蘭 西姆比蘭

蘭科蕙蘭屬／多年生草本

在洋蘭當中屬於耐寒性較強，就算沒有溫室也能簡單栽培，而且開花期長而受到歡迎。喜好陽光，在氣溫安定的5月中旬～10月中旬，應放置於戶外通風良好的半日照處，炎夏可進行40～50%的遮光。10月中旬～5月中旬可放置於室內日照充足的場所。澆水原則上春～秋季當介質開始乾燥時，可澆灑至水分從盆底流出來為止。在4～7月的生長期，每個月施放1次化學合成肥料，夏季之後不需施肥。春～秋季生長旺盛，會長出數根新芽。這時候每個球莖可留下1個活力的新芽，其他都剔除。當植株長滿整個盆缽時，即可進行移植。這時候可進行分株，或是更新開完花的球莖，增加新的植株。適期為氣溫安定的3月下旬～5月。

睡蓮 子午蓮

睡蓮科睡蓮屬／多年生草本（植株高度5～20cm）

於日本栽培的幾乎都是小型種的溫帶睡蓮或姬睡蓮。若於春天買到栽種於塑膠盆的植株時，可使用肥沃的田地土，移植至3～4號的小盆缽內，再放入水中栽培。水中可放入硅酸鹽白土（Million）以防止根部腐敗。植株較小時，可將盆器倒著放入水中當作高台，再根據生長狀況調整高度。放置於日照充足的場所，除了水變少時加水之外，在炎夏應每天加入1杯馬克杯的水，防止水溫上升。在開花的5～9月這段期間，每個月施放1次追肥。若栽培於盆栽時應每年移植。這時候可藉由分株繁殖。適期為3月中旬～4月。溫帶睡蓮的地下莖會往橫向生長。可將地下莖切分成1～2個芽繁殖。

石斛蘭

蘭科石斛蘭屬／多年生草本（植株高度5～20cm）

於莖部開滿花朵的樣貌極為豪華，花色也非常豐富。生性強健，栽培簡單，非常具有人氣。自生於日本的細莖石斛也是石斛蘭的一種。喜愛日照充足的場所。於11月～4月底可放置於室內日照充足的位置。5～10月移動到室外照射陽光，不過夏季應進行30～40%的遮光，避免引起日燒（葉燒）。若要讓植株開花，應將盆栽保持在稍微乾燥的狀態，並且歷經2週以上10℃左右的低溫。放置於不會受到霜害的屋簷下等場所，歷經充分低溫後即可移動至室內。於春～夏季的生長期應充分澆水。冬天在室內每週澆1次，於溫暖的上午澆水。肥料可在生長期的4～7月，每月施灑2次液肥。可藉由分株、莖插、高芽壓條等方法繁殖。每2～3年1次，在花期結束的5～6月移植，這時候也可以同時進行分株。

第6章

山野草・香草類的
繁殖方法

月份	狀態	管理	繁殖作業	肥料	重點
1			分株		生性強健，在明亮的日陰處或是只有上午才照射到陽光的場所也能生長
2			分株		
3		定植			
4		定植			
5			實生	每2週施1次液肥	
6			芽插	每2週施1次液肥	
7			芽插	每2週施1次液肥	
8	開花		實生	每2週施1次液肥	
9	開花		實生	每2週施1次液肥	
10					
11			分株		
12			分株		

花朵清純的秋季七草

桔梗

包袱花、鈴鐺花、僧帽花

桔梗科桔梗屬／耐寒性多年生草本（高0.2～0.6m）

日本也有許多野生種類，是能感受到野趣氛圍的花朵，同時也是秋季七草之一。花色有紫色、白色、桃紅色，花朵呈現出漏斗型的高雅姿態。除了和風庭園之外，也非常適合搭配洋風庭園。園藝品種多，還有矮性及重瓣品種。根部自古以來便當作藥材利用。

栽培管理

若栽種於日照充足的花壇，到了晚秋地上部就會枯萎，不過當天氣回暖時又會長出新芽，每天開花。栽培於盆器內時盡量選擇大型盆器，或是選擇矮性品種。生性強健，在明亮的日陰處或是只有上午才照射到陽光的場所也能生長。

可藉由扦插、實生、分株來繁殖。長期間栽培會讓植株過於茂盛，從地下莖長出許多芽，因此可進行分株。栽培於盆器中容易引起根系纏繞，可在根系過於茂密之前移植。

藉由扦插繁殖

以5～9月為適期。將茂密的新梢前端的柔軟部分去除，切成5cm左右的長度。保留2片葉，下側葉片剔除，充分吸水後插入苗床中。約1～2個月即可發根，再定植於培養土中。

桔梗（右）和山梗菜（左）的插穗

藉由實生繁殖

以5月或是9月為適期。於春天播種後會在隔年春天開花，但是秋天播種則是在2年後的春天開花。

將種子播種於壓縮泥炭板上，從底部吸水或是噴霧澆水。不需覆土，在發芽之前可覆蓋報紙等防止乾燥。約2週左右可發芽，長出子葉後即可移植至黑軟盆中。

藉由分株繁殖

以地上部枯萎的11月～隔年2月為適期。將植株挖起，去除老舊土壤，用刀子切分成芽數大致相同的2～3等分。截剪過長的根系，切口可沾取草木灰後，再放入新的培養土內定植。

實生

將種子播種於壓縮泥炭板上

於盤中裝水，從底部吸水

移植至塑膠盆內栽培

扦插

發根後的插穗（約1個月後）

將莖部切成5cm左右，留下2片葉，其餘的下側葉片剔除

CUT

CUT

分株

芽

將粗大的莖部切開，並去除枯萎的莖部或鬚根

CUT

定植於2cm左右的深度

將過長的細根截剪 CUT

發根後移植至培養土中

藍粉玉簪

栽培月曆

月份	狀態	管理	繁殖作業	肥料	重點
1					在明亮的日陰處管理，避免乾燥
2					
3		移植	分株		
4				每個月施放1次置肥	
5					
6	開花				
7					
8					
9			分株		同上
10					
11					
12					

品種豐富，最適合當作日陰場所的地被植物

玉簪
玉春棒、白鶴花

天門冬科玉簪屬／多年生草本（高0.1～0.5m）

據說自平安時代就開始栽培，於日本產的品種如今推廣至世界各地。是在日陰的庭園中也能開出美麗草花的重要植物。有植株大小20cm左右的矮性品種，至1m以上的大型品種，還有斑葉及綠葉品種等，葉色及葉形都很豐富。可根據栽種場所挑選自己喜愛的品種。

栽培管理

是幾乎不需要管理的強健植物。雖然特性會根據品種而多少有些差異，但是大多數種類都不喜好強烈的直射日光，適合栽培於明亮的日陰處。不耐乾燥，若栽培於盆器內時，應注意土壤不要過度乾燥。另外，若氮肥施放過量會讓斑葉紋路產生變化，應多加注意。

長期間栽培會過於茂密，同時讓植株悶熱，所以可藉由分株來繁殖。

藉由分株繁殖

以3月及9月為適期，不過幾乎一整年都能進行。將植株挖起，去除老舊土壤及枯葉再切分，使每一段莖部都帶有新芽。葉片的大小會根據植株的生長狀況而出現差異，不過應以較大的新芽為中心用手分開，使每一段莖部帶有3～4個芽，地下莖過於粗大的部分可用剪刀剪開。矮性品種分成每段莖部帶有1～2個芽即可。完成後栽培於混有基肥和腐葉土的培養土中。

玉簪

大葉玉簪

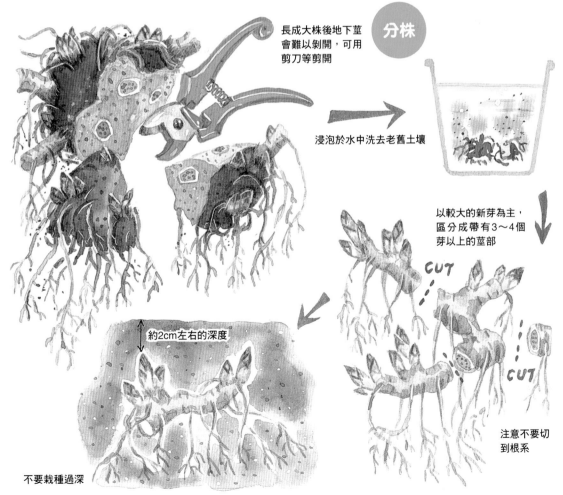

長成大株後地下莖會難以剝開，可用剪刀等剪開

分株

浸泡於水中洗去老舊土壤

以較大的新芽為主，區分成帶有3～4個芽以上的莖部

CUT

CUT

注意不要切到根系

約2cm左右的深度

不要栽種過深

在融雪後的深山中悄悄開花

白根葵 山芙蓉

毛茛科白根葵屬／多年生草本（高0.3～0.5m）

為日本固有、1屬1種的植物，看起來像淡紫藍色花朵的部分為萼片。自生於本州中北部的日本海側～北海道東北地區的降雪山野樹林下。多自生於日光的白根山，再加上花朵和錦葵相似，因此被稱為「白根葵」。

月份	狀態	管理	繁殖作業	肥料	重點
1					春天管理於日照場所半天，夏季則移動至明亮的日陰處
2					
3			實生		
4				每2週施灑1次液肥	
5	開花				
6					
7					
8					
9		定植	實生 / 分株	同上	
10					
11					
12					

栽培月曆

栽培管理

原本是生長在深山中，所以不喜好強烈的直射日光。春天可以照射日光半天左右，夏天則應栽培於樹蔭下等明亮的日陰處，並且確保環境通風良好。栽種於盆栽內時，可用山野草專用的培養土種植。不耐乾燥，注意缺水。開花後結果實。到了晚秋地上部枯萎，於春天長出莖葉開花。

可藉由分株或實生繁殖。頻繁移植會減少開花數，每4～5年一次移植至較大的盆器內即可。

藉由實生繁殖

於秋天播種。在每6cm左右的黑軟盆中播2～3顆種子，或是直接播種於育苗箱中。大多數品種需要3年才會開花，注意夏季炎熱及乾燥的同時細心栽培。

為了要讓原本生長在高山的白根葵，能適應平地的環境而進行馴化，所以建議藉由實生來繁殖。

果實為茶褐色的乾果，到了秋季果實轉色後，即可採取果實的種子。可直接播種，或是裝入塑膠袋內保存，於隔年3月播種。

實生

果實和種子

播種後覆蓋一層薄土

介質可使用山野草用的培養土，或是由赤玉土、鹿沼土、富士砂、桐生砂等比例混合而成的介質

秋季播種後，在冬季可放置於棚架下方管理，避免受到霜害

藉由分株繁殖

以9～10月為適期。將植株挖起，去除舊土及枯葉，切成相同等分。使用5～6號深長型的盆器，用山野草專用的培養土栽種，或是定植於施用腐葉土的庭園中。

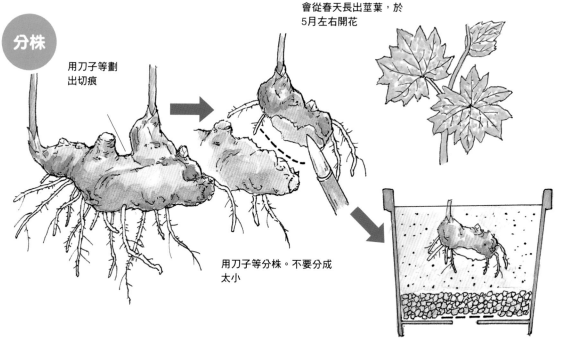

分株

用刀子等劃出切痕

用刀子等分株。不要分成太小

會從春天長出莖葉，於5月左右開花

用山野草專用的培養土定植

229

栽培月曆

月份	狀態	管理	繁殖作業	肥料	重點
1					不耐高溫多濕，應管理於通風良好，稍微乾燥的場所
2		定植			
3		定植	每月施放1次置肥		
4					
5			芽插		
6	開花		芽插		
7	開花				
8					
9		定植	實生 / 扦插	同上	
10		定植	實生 / 扦插	同上	
11					
12					

美麗的花色給人深刻印象

石竹

洛陽花、五彩石竹

石竹科石竹屬／一年生草本、多年生草本

也有自生於日本的種類，總稱為Dianthus，在市面上也能看到許多品種。外國產的品種花色豐富而且獨具特色，以紅～白色的鮮豔色彩點綴庭園。石竹、須苞石竹、長夏石竹或四季開花的實株等為多年草，而日本產的優美河原石竹則是被分類為山野草。

栽培管理

　　不論是一年生草或多年生草都很強健，也非常容易栽培。喜愛日照充足、排水良好的環境。不耐高溫多濕，應保持環境通風良好，並維持在稍微乾燥的狀態。夏季可將過於茂密的部分進行疏枝。施肥過量會造成徒長或立枯，應注意施肥量。植株高度較高的品種，應儘早設置支架或網子避免倒伏。

　　可藉由實生或扦插繁殖。多年生草種類生長成老株時會逐漸弱化，開花狀態也會變差，可修剪後進行扦插。

藉由實生繁殖

　　以9～10月為適期。播種於長型盆器或壓縮泥炭板上，覆蓋一層薄土後，從底部吸水或是噴霧澆水。約1週～10天左右即可發芽，可進行間拔疏苗避免徒長。當本葉長出2～3片後，即可移植至6cm的塑膠盆中，本葉長出5～6片可移植至9cm的盆中栽培。

Spotty

播種於壓縮泥炭板上

本葉2～3片

發芽後進行間拔

用小型黑軟盆栽培後再定植

 藉由扦插繁殖

以5～6月及10月為適期。使用茂密的莖葉，區分成每段帶有1～3個節。前端柔軟的部分不使用。保留2片葉，下側葉片剔除，浸泡於水中30分～1小時吸水後，再插於苗床中。發根後可移植至裝有培養土的盆器中。

扦插

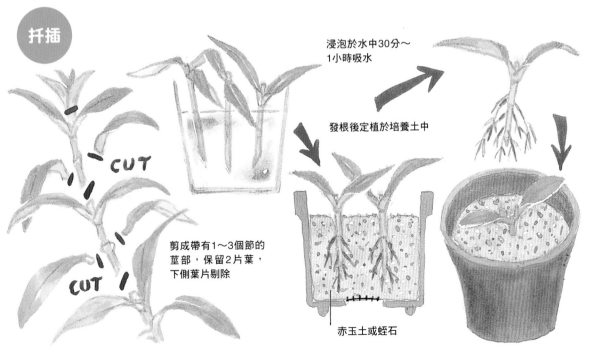

浸泡於水中30分～1小時吸水

發根後定植於培養土中

剪成帶有1～3個節的莖部，保留2片葉，下側葉片剔除

赤玉土或蛭石

花朵模樣獨具特色

油點草　杜鵑草（高0.3～0.6cm）

百合科油點草屬

花朵的斑點模樣和杜鵑鳥的胸前斑點相似，因此又稱為杜鵑草。自生於日本全國各地的山林中。也有僅限於某個地區生長的種類。大多都是在秋天開出白底的花，不過也有夏季開花或是黃花品種。

栽培月曆

月份	狀態	管理	繁殖作業	肥料	重點
1					不耐乾燥，應維持空氣中的濕度
2					
3		定植	分株	每週施灑1次液肥	
4					
5					
6			芽插		
7					
8					
9	開花		同上		
10					
11					
12					

栽培管理

　　油點草栽培上的困難之處在於不耐乾燥，而且下側葉片枯萎後有損植株外觀。可鋪上稻草或腐葉土防止乾燥。栽種於盆栽內時，放置場所的空氣過於乾燥，也是造成下側葉片枯萎的原因之一。可於保麗龍箱內放入河砂，再將盆栽放置於上方，以維持空氣中的濕度。

　　澆水時可用噴霧器澆水，連葉背都要充分噴灑。

　　可藉由扦插或分株簡單繁殖。

藉由扦插、分株繁殖

　　扦插的適期為6～7月。以每2～3節剪下，剔除1～2片下側葉片。將插穗浸泡於水中30分鐘吸水。介質可單獨使用赤玉土或鹿沼土。

　　會從節點發根，因此務必要將2個節插入土壤中。放置於明亮的日陰處管理，避免乾燥。約1個月左右發根後即可移植。

　　盆栽栽培時應每年，庭院栽培時應每2～3年，於3～4月上旬進行一次移植。移植時可順便分株。將地上部枯萎的植株挖起，老舊的根系上會附著2～3個新芽。新芽也有長出根

系，所以在切分的時候應避免傷到根系。可用手直接剝開。栽種於山野草用的培養土中，放置於半日照處管理。

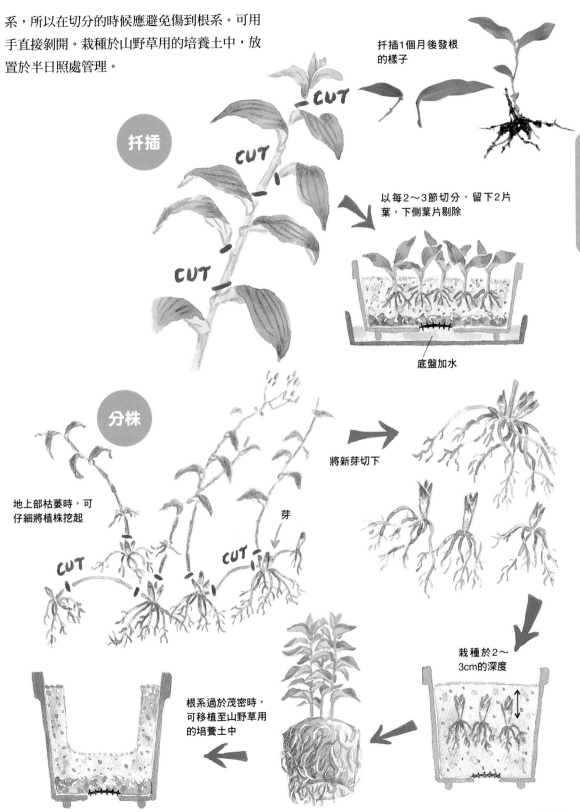

扦插1個月後發根的樣子

扦插

CUT

CUT

CUT

CUT

以每2～3節切分，留下2片葉，下側葉片剔除

底盤加水

分株

地上部枯萎時，可仔細將植株挖起

芽

CUT

CUT

將新芽切下

栽種於2～3cm的深度

根系過於茂密時，可移植至山野草用的培養土中

能帶來濃厚秋天氣息的花

龍膽

龍膽草、膽草、草龍膽

龍膽科龍膽屬／多年生草本（高0.1～1m）

龍膽類自生於日本全國各地的草地及山林。於9～11月左右，會在莖部前端或葉腋開出藍紫色的筒狀花朵。根據種類不同，也有白花及桃紅色花。另外，雖然大多都是秋天開花的多年生草，不過也有春天開花的品種或是1、2年生草本類型。

栽培月曆

月份	狀態	管理	繁殖作業	肥料	重點
1			分株		喜好水分。地上部枯萎的冬季也應避免過於乾燥
2					
3		移植	實生		
4				每週施1次液肥	
5			芽插		
6					
7					
8					
9	開花				
10			實生	同上	
11					
12			分株		

栽培管理

　　雖然喜好日照充足、通風良好的場所，但是卻不耐夏季的強烈日照。夏季應放置於半日照的涼爽位置。喜好水分，應注意避免乾燥。栽種於盆栽內時，可等表面土壤顏色變淡乾燥後，再澆灑大量水分。尤其在地上部枯萎的冬季，應注意避免過於乾燥。

　　可藉由千插、分株及實生來繁殖。

 ### 藉由扦插繁殖

　　於春天開始長出的莖部，若放任其生長莖部會不斷伸長。於5～6月將伸長的莖部保留基部2片葉，其餘剪下。剪下後可將每1～2節切分成插穗。保留數片葉，將下側葉片剔除。

　　插入鹿沼土或赤玉土的苗床中。約2～3週即可發根，可將3～5根集中定植於4號盆中。當莖部伸長後可進行摘心，促進腋芽長出，於秋天開花。

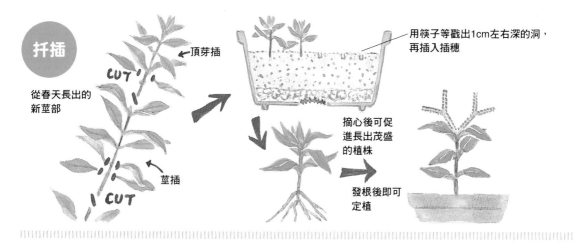

扦插

頂芽插

CUT

從春天長出的
新莖部

莖插

CUT

用筷子等戳出1cm左右深的洞，
再插入插穗

摘心後可促
進長出茂盛
的植株

發根後即可
定植

藉由分株繁殖

　於12月～隔年3月將植株挖起，去除所有土壤，剪下老舊的莖部。將每3～4個芽分成1株，用手剝開後定植。

藉由實生繁殖

　秋季開花的品種其種子非常容易發芽。於秋天果實轉成茶褐色時採種。可採種後直接播種，或是於早春播種。發芽後2～3年就能開花。

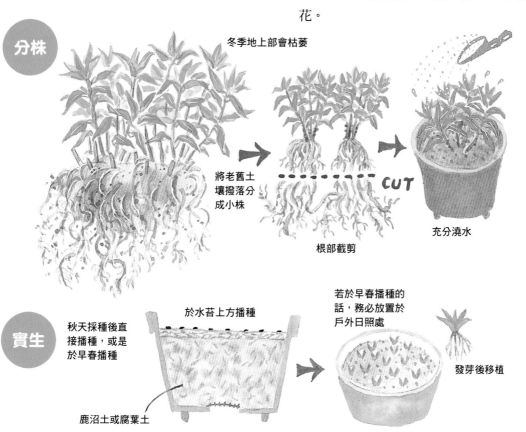

分株

冬季地上部會枯萎

將老舊土
壤撥落分
成小株

根部截剪

CUT

充分澆水

實生

秋天採種後直
接播種，或是
於早春播種

於水苔上方播種

鹿沼土或腐葉土

若於早春播種的
話，務必放置於
戶外日照處

發芽後移植

花朵也很美麗的藥用香草

鼠尾草 藥用鼠尾草

唇形科鼠尾草屬／耐寒性多年生草本（高0.4～1m）

是花壇中常見的一串紅的近緣種。有如藥品般的強烈香氣和微微的苦味為其特徵，多用來消除肉料理的腥味。在原產地的地中海沿岸地區，被當作具有藥效的香草類使用，因此也有別名「藥用鼠尾草」。有不同花色、形狀及香氣的豐富品種。呈現穗狀的花朵，不論哪種品種都具有觀賞價值。

栽培月曆					
月份	狀態	管理	繁殖作業	肥料	重點
1					不耐高溫多濕，偶爾會在梅雨季節枯萎。栽種於盆栽時可移動至屋簷下管理
2					
3					
4		定植	芽插／壓條		
5	開花	定植	芽插／壓條		
6	開花		壓條		
7	開花				
8					
9			扦插／壓條		
10	定植	定植	扦插／壓條		
11		定植			
12					

栽培管理

定植的適期為春及秋季。栽種於肥沃且排水良好的介質，並管理在日照充足、通風良好的場所，就能生長成茁壯的植株。

雖然強健而且具有耐寒性，但卻不耐高溫多濕，有時候會在梅雨季節枯萎。以盆栽種植時應減少澆水量，保持稍微乾燥的狀態栽培。

栽培經過2～3年後，植株會逐漸弱化，開花狀況也會隨之變差。這時候可進行大幅度修剪，促進長出新芽，或是藉由扦插、壓條繁殖新的植株。

 ## 藉由扦插、壓條繁殖

雖然可藉由實生繁殖，但是扦插或壓條較簡單。於春及秋季的生長期間，可隨時疏枝以促進通風，這時候可利用摘下的枝條當作插穗。於節的上方剪下10～15cm左右的長度，插入水中扦插。將會浸泡於水中的下側葉片剔除。約1～2週左右可發根，再定植於香草用的培養土中。定期澆水以避免乾燥，放置於半日照處管理，當新芽長出時再移動至日照充足的位置。

　另外，可將植株伸長的枝條固定於地面並堆土，就可從接觸地面的部分發根，再和母株切離定植於培養土中。壓條時的重點在於選擇苗壯的莖部。

插穗的製作方法

水果鼠尾草　　　　　　　鳳梨鼠尾草

生長期為了促進通風可隨時進行疏枝，這時候可利用摘下的枝條當作插穗，或是挑選剛長出的新枝條。於節的上方切下10～15cm左右的長度後，立刻插入水中

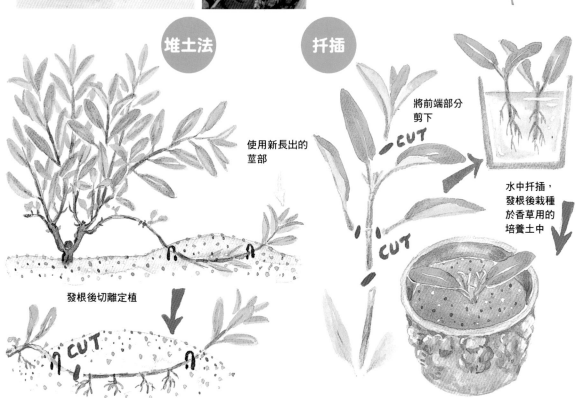

堆土法

使用新長出的莖部

發根後切離定植

扦插

將前端部分剪下

CUT

CUT

水中扦插，發根後栽種於香草用的培養土中

237

月份	狀態	管理	繁殖作業	肥料	重點
1					梅雨時期有可能會枯萎，應時常進行疏枝通風
2					
3		定植			
4		定植	扦插 壓條 分株		
5	開花	定植	扦插 壓條 分株		
6	開花		扦插 壓條 分株		
7	開花				
8					
9		定植	扦插 壓條 分株		
10		定植	扦插 壓條 分株		
11		定植	扦插 壓條 分株		
12					

匍匐百里香

可廣泛應用於各種料理

百里香 麝香草

唇形科百里香屬／常綠小灌木、多年生草本（高0.2～0.4m）

植株低矮，會陸續長出細長的莖葉，覆蓋地面。非常適合搭配肉類或魚類，可為料理增添香氣及風味。原產於地中海沿岸地區。日本的地椒（伊吹麝香草）也是百里香的一種。普通百里香為直立性，而匍匐於地面伸展的是匍匐性百里香，另外也有葉片顏色非常美麗的黃金百里香、銀葉百里香等品種。

栽培管理

　　定植除了炎夏及嚴冬之外都可以進行。栽種於非酸性、排水良好的介質中，於日照充足、通風良好的場所，維持稍微乾燥的狀態管理。

　　雖然同時具有耐寒性及耐暑性，不過有時候會因為梅雨季節的悶熱而枯萎，因此為了促進通風，應隨時進行疏枝。

　　栽培經過3～4年後，植株會逐漸變得衰弱，可藉由分株或扦插更新植株。也可以藉由壓條來繁殖。

 ## 藉由扦插、壓條繁殖

　　雖然可在3～4月利用實生繁殖，不過栽培至大棵植株需要相當時間，因此一般都是用扦插或壓條來繁殖。於春和秋季的生長期間，將當年長出的新枝條剪成10cm左右的長度，並將要插入土中部分的葉片剔除。於節的下方削成斜面，定植於香草用的培養土中。定期澆水避免乾燥，放置於半日照處管理，新芽長出後可移動至日照充足的場所栽培。

　　也可藉由壓條簡單繁殖。將匍匐於地面的枝

條堆土就會長出根系,這時候可切離原有植株,栽種於培養土中。

藉由分株繁殖

以春及秋季為適期。雖然植株高度非常低矮,只有10～30cm左右,但是會往橫向生長成大棵植株,因此可挖起分成2～3株,栽種於新的培養土中。

普通百里香

黃金百里香

堆土法

於枝條上堆土,發根後切離定植

CUT

扦插

使用新長出的枝條

將前端部分剪下

CUT

CUT

水中扦插可簡單繁殖

發根後定植

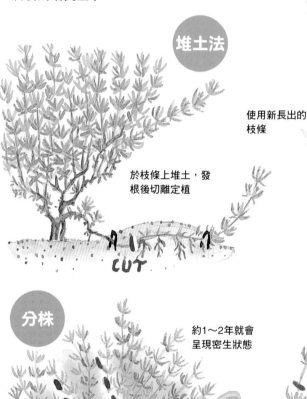

分株

約1～2年就會呈現密生狀態

CUT

用剪刀剪成2～3株後舒展根系

將前端剪下

老舊植株

將長出新根系的年輕植株定植

CUT

CUT

CUT

栽培月曆					
月份	狀態	管理	繁殖作業	肥料	重點
1					若想栽培出茂盛的狀態，可於生長至適當高度後進行摘芯
2					
3					
4		定植	芽插		
5					
6			實生		
7	開花				
8					
9					
10		移植			
11					
12					

香氣清爽的熱帶性香草

羅勒 羅勒

唇形科羅勒屬／非耐寒性一年生草、多年生草（高0.3～1m）

非常適合搭配番茄，是義大利料理不可或缺的香草。帶有光澤的卵型綠葉為其特徵，夏天會開出和紫蘇相似的花穗。將種子浸泡於水中會出現果凍狀的物質，過去曾用這個來清除眼屎，所以在日本有別名「目帚」。有許多香氣及葉色不同的品種。

栽培管理

定植的適期為春～夏季。栽培於排水及保水性佳的肥沃介質中，於日照充足的場所管理。若土壤完全乾燥時會讓植株枯萎，應注意避免缺水。

原產於熱帶亞洲，在溫暖時期會茁壯生長。將枝條於適當的高度摘芯，可促進長出腋芽，使植株呈現茂密的狀態。

在戶外到了冬季會枯萎，若移動至室內的話，雖然植株的生長勢則會衰弱，但是卻能採收至春天。

藉由實生繁殖

可藉由實生簡單繁殖。不過發芽室溫較高，需要25℃才能發芽，所以建議在天氣回暖的5月過後再播種。在排水性及保水性佳的介質中事先加入肥料。將種子散播於介質上，再覆蓋一層薄土，並澆灑充足水分。避免乾燥的同時，放置於日照充足的場所管理，約1週左右即可發芽。挑選活力的幼苗，於每個軟盆內定植1株。放置於日陰處約2～3天，等植株適應後再移動至日照充足的場所栽培。

藉由扦插繁殖

　　以春～初秋為適期。將充滿活力的莖部於節的下方剪下10～15cm左右的長度，當成插穗。也可以購買食用的羅勒，並利用剩下部分。雖然插入土中也能發根，不過水中扦插比較簡單。約1週左右即可發根，再定植於香草用的培養土中。喜愛肥料，定植時別忘了放入基肥。

紫葉羅勒

實生

播種應於5月初的黃金週假期結束後至8月前進行

茂密的芽

分數次播種，在秋天也能欣賞到健康的植株

播種後覆蓋一層薄土

採收的同時也能促進植株生長

扦插

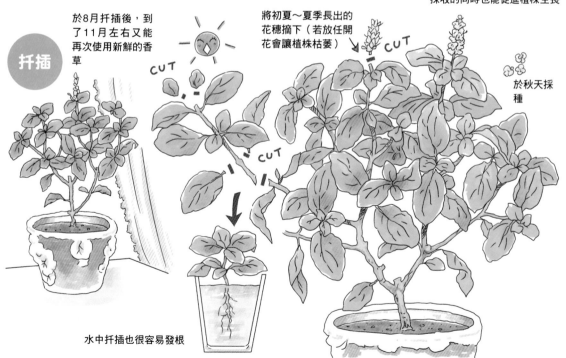

於8月扦插後，到了11月左右又能再次使用新鮮的香草

將初夏～夏季長出的花穗摘下（若放任開花會讓植株枯萎）

於秋天採種

水中扦插也很容易發根

生性強健，無論在哪都能生長

薄荷
夜息香、人丹草

唇形科薄荷屬／耐寒性多年生草本（高0.3～0.9m）

含有薄荷醇，帶有清涼感的清爽香氣為其特徵。薄荷類分佈於世界各地，日本也有自生的日本薄荷。因為搓揉葉片能舒緩眼睛，所以在日本也有「目張草」之別名。有葉色、形狀及香氣各異的豐富品種。

栽培月曆

月份	狀態	管理	繁殖作業		肥料	重點
1						地下莖會不斷伸長而變得茂密。栽種於地面時，可將木框等埋入土中避免過度擴展
2						
3		定植				
4		定植	芽插	分株		
5		定植	芽插	分株		
6		定植	芽插	分株		
7	開花					
8	開花					
9		定植	芽插	分株		
10		定植	芽插	分株		
11						
12						

栽培管理

移植的適期為春及秋季。雖然喜愛日照，不過生性強健，就算是半日照也能生長旺盛。

雖然不挑土質，不過偏好濕潤的場所，若土壤完全乾燥會導致植株枯萎，應避免植株缺水。

於春～秋季的生長期間，地下莖會不斷茂密伸長。若莖葉過於茂密會因為悶熱而使植株衰弱，應隨時摘除疏枝。栽培於盆栽中時，應在植株過於茂密之前進行分株。

藉由扦插、分株繁殖

雖然可藉由實生繁殖，但是扦插或分株較簡單。於生長期間將摘下的莖部當作插穗利用。若扦插於水中，大約1週左右即可發根，再移植至香草用的培養土內即可。澆灑大量水分，於半日照處放置2～3天後，即可移動至日照充足的場所栽培。

分株可於生長期間進行。將植株挖起，去除老舊的根系及莖葉後，分成2～3株，再定植於新的培養土內。

插穗的製作方法

白色葉緣為其特徵的鳳梨薄荷。於生長期間剪下當年長出的枝條當作插穗。於節上剪下10～15cm的長度,立刻扦插於水中

扦插

將新長出的枝條剪下

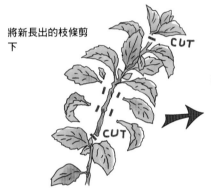

扦插於水中,發根後即可定植

充分澆水並暫時栽培後,即可移植至較大的盆器內

分株

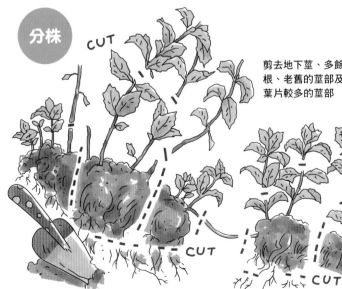

剪去地下莖、多餘的蘗根、老舊的莖部及上側葉片較多的莖部

撥除老舊土壤

舒展根系後定植

香草用土

分株後暫時放置於半日照處管理

243

栽培月曆					
月份	狀態	管理	繁殖作業	肥料	重點
1					喜好鹼性且排水性佳的土質。可混入苦土石灰定植
2					
3					
4		定植	芽插 實生		
5	開花				
6					
7					
8					
9			扦插		
10					
11					
12					

香氣具有放鬆效果

薰衣草

唇形科薰衣草屬／耐寒性一年生草、多年生草（高0.3～2m）

因為隨風搖曳的紫色花穗和優雅的香氣而受到歡迎，甚至被譽為「香草的女王」。原產於地中海沿岸的乾燥地帶，在日本則是以北海道的薰衣草田聞名。有英國薰衣草、法國薰衣草、寬葉薰衣草等品種。花色除了紫色系之外，也有白色及粉紅色。

栽培管理

定植的適期為春季。栽種於含有石灰質、排水性佳的介質當中，管理於日照充足、通風良好且涼爽的場所，並且保持稍微乾燥的狀態。若栽種於盆栽內時，當盆土表面乾燥後即可澆水。栽種於庭園內時可將土堆高栽種，以提升排水性，不需要另外澆水。

雖然不耐高溫多濕，不過也有培育出耐日本氣候的品種。

開完花後將花穗剪下，修整樹姿。

 藉由扦插繁殖

可藉由扦插或實生繁殖。扦插的適期為春及秋季。將不帶花穗的年輕莖部於節的上方剪成10～15cm當作插穗。切口用刀子削成斜面，插入水中吸水約1小時。接著用筷子在排水性佳的介質苗床中插出洞，再插入插穗。澆水避免乾燥，管理於半日照處。約1～2週後發根，新葉長出後可移動至日照充足的場所栽培。約生長1個月後再於日照充足、通風良好的場所，保持稍微乾燥的狀態管理。

實生可於4月中旬～5月中旬進行。播種後至發芽為止需要1個月的時間。當子葉長出後可定植於鹼性介質中，保持稍微乾燥的狀態栽培。

插穗的製作方法

❶挑選沒有長出花穗的莖，於節的上方剪下

❷剪去前端，將基部削成斜面後插入水中吸水

扦插

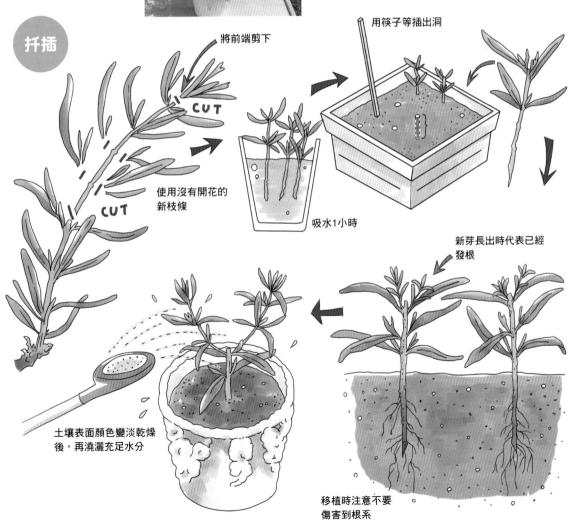

將前端剪下

CUT

CUT

使用沒有開花的新枝條

吸水1小時

用筷子等插出洞

新芽長出時代表已經發根

土壤表面顏色變淡乾燥後，再澆灑充足水分

移植時注意不要傷害到根系

栽培月曆

月份	狀態	管理	繁殖作業	肥料	重點
1					會長成非常大株，用盆栽種植時應選擇稍大的容器
2					
3					
4		定植	扦插	分株	
5		定植	扦插	分株	
6	開花				
7	開花				
8					
9		定植	扦插	分株	
10		定植	扦插	分株	
11					
12					

檸檬的清爽香氣
檸檬香蜂草
香蜂草、蜜蜂花、檸檬香脂草

唇形科蜜蜂花屬／耐寒性多年生草（高0.3～1m）

雖然葉片外觀和薄荷類似，不過含有和檸檬同樣的香氣成分「檸檬醛」。加了這個新鮮葉片的著名茶飲「Melissa Tea」，帶有清新的香氣而受到歡迎。原產於南歐。於夏季開出小花而使蜜蜂紛紛前來採蜜，所以也有「蜜蜂花」之別名。另外還有葉片帶有黃色斑紋的品種。

栽培管理

定植的適期為春及秋季。雖然喜好日照充足、土壤肥沃且適度濕潤的場所，但由於生性強健，所以半日照處也能生長。具有耐寒性及耐暑性，任何土質都能生長。

根系會往橫向擴展長成大株，若過於茂密時，可將部分莖葉修剪以促進通風。冬天地上部會枯萎，不過到了春天會再次長出新芽。可於冬季將枯萎的枝條去除。栽種於盆栽內時，建議在引起根系纏繞前進行分株。

藉由扦插、分株繁殖

雖然春及秋季也可以藉由實生繁殖，不過種子非常細小而且程序繁複，一般都是藉由扦插或分株來繁殖。於春～秋季的生長期間，可利用修剪下來的莖部當作插穗使用。水中扦插的話，約1週即可發根。將會浸泡於水中的葉片事先剔除。定植於香草用的培養土中，澆灑大量水分後，放置於半日照處2～3天，待植株適應後再移動至日照充足的位置。

分株可於生長期間進行。將長成大棵的植株

挖起，分成2～3株，再用新的培養土定植。

　扦插或分株時，都應預想植株之後會長成非常大棵，使用較大的盆器栽種。

從這種小苗長成大棵植株

扦插

剪去前端部分

CUT

使用新長出的莖部

CUT

水中扦插，發根後定植

很快就會長大，所以可定植於較大的盆器內

分株

長成大株後會容易悶熱，可進行分株

去除黃化的老舊莖部，將基部長出的新枝條移植

CUT

CUT

修剪下來的莖部可乾燥保存，利用成香草茶

有如松樹般的細葉茂盛生長
迷迭香

唇形科迷迭香屬／常綠灌木（高0.3～2m）

只是輕觸就散發出的濃烈香氣，據說有變年輕的效果。原產於地中海沿岸的乾燥地區。有直立性、匍匐性，以及中間性質的種類。除了可以直接栽種於庭園內之外，由於葉片和松樹相似，再加上木質化的莖部別具風情，所以也會創作成盆栽觀賞。

栽培管理

定植的適期為春及秋季。栽種於排水良好的介質中，於日照充足、通風良好的場所，保持稍微乾燥的狀態管理。半日照也能生長，幾乎不需要肥料。

雖然具有耐寒性，但是不耐高溫多濕，若栽培於小盆缽內時，可能會因為梅雨季節而枯萎。建議移動至不會淋到雨的場所。另外，應經常進行疏枝以促進通風。

藉由扦插、壓條繁殖

雖然可藉由實生繁殖，但是發芽需要相當的時間，所以一般都是利用扦插來繁殖。以春和秋季為適期。將新長出的枝條剪成10～15cm左右，並剔除插入土中部分的葉片，製作插穗。將切口削成斜面，插入水中吸水1小時後，再插入苗床中。約1個月即可發根，但由於迷迭香不耐移植，在挖起植株時應避免根系周圍的土崩落，並定植於排水良好的介質中。

匍匐性的種類可藉由壓條簡單繁殖。將伸長

的枝條堆土，經過1個月發根後，可從原有植株切離定植。直立性的種類也可以將枝條用U型金屬線固定，再用相同的方法進行壓條即可。

插穗的製作方法

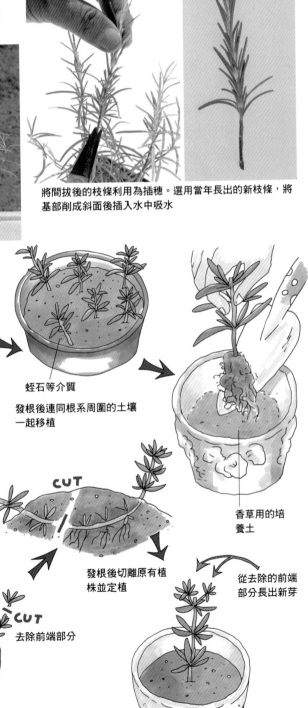

將間拔後的枝條利用為插穗。選用當年長出的新枝條，將基部削成斜面後插入水中吸水

扦插

CUT

使用莖部柔軟的枝條

將前端部分和下側葉片剔除

CUT

浸泡於水中1小時左右吸水，再插入苗床中

蛭石等介質

發根後連同根系周圍的土壤一起移植

香草用的培養土

堆土法

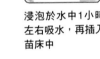

匍匐性的枝條可於旁邊放置盆器，再於枝條上方堆土

CUT

去除前端部分

CUT

發根後切離原有植株並定植

從去除的前端部分長出新芽

明亮日陰處／半日照處 只有上午照射到陽光，或是只有下午照射到陽光的場所。或是指能照射到樹木下陽光的場所。雖然無法清楚定義，但是並非指常綠樹下的陰暗處，而是有溫和陽光灑落的地方。

維管束 植物的莖部及樹幹不只是能支撐植物體，像是在葉片或根系合成養分等，也具有提供植物生長的導管及合成這些物質的形成層，這些則合稱為維管束。

羽狀複葉 每一片葉長出許多小葉的型態稱為複葉。3片小葉以掌狀著生的稱為三出複葉，5片以上的稱為掌狀複葉，有如鳥羽毛排列的則是羽狀複葉，而羽狀複葉上著生羽狀複葉的叫做二回羽狀複葉。

腋芽 由葉片的基部長出的芽。也叫做側芽。而從莖部或枝條前端長出的芽叫做頂芽。

液肥 速效性的液體肥料。適合苗木的施肥。苗木通常是稀釋2000倍使用。

疏枝 將多餘的枝條或是過於茂密的枝條，從枝條基部剪下。藉由疏枝可促進日照和通風。也叫做「間拔」。➡截剪

存活 發根生長的狀態。於移植、扦插、嫁接、繁殖成功時使用。

株立 從植株基部長出許多同樣強勢的枝條，形成樹冠，分不清哪根才是樹幹的樹姿。➡幹立性／一根直立性

癒合組織（Callus） 癒傷組織。當植物受傷時，為了癒合受傷部分而使細胞增殖的組織。

乾果 果皮失去水分而乾燥，木質或革質化的果實。分為成熟後會裂開（牽牛花等）

以及成熟後不會裂開（橡果等）兩種類型。
　⇔多肉果

截剪 將伸長的枝條於途中修剪，促進新枝條長出稱為「截剪」。

交配 雌雄交合。是指兩個個體間的授粉、受精。由昆蟲或風搬運花粉的稱為「自然交配」，人為進行的稱為「人工交配」。

自花授粉 是指雌雄兩性花在同一朵花中進行授粉。而自花無法授粉的特性則稱為「自家不親和性」，無法長出種子，所以可將其他品種放置於附近，或是進行人工授粉。
　⇔異花授粉

子房 雌蕊下方膨脹的部分。中間含有胚珠，受精後子房周圍的子房壁發展成果皮。

種皮 種子外側包覆的皮。由胚珠的胚皮發展而來。

親和性 是指可融合接受的狀態。在嫁接繁殖中，繁殖種類、接穗和砧木之間需要具有親和性才能成功嫁接，此稱為「嫁接親和性」。

節／節間 莖或枝條區分的部分。一般而言是指葉片著生的基部。節與節之間稱為節間。而茂密且充滿活力的樹可稱為「節間密實的樹」。

石蠟膜帶 嫁接用的膠帶。原本是由美國開發的封口膜。可延展3～4倍，具有能互相緊密貼合的特性。在嫁接時使用這種膜帶，可節省許多程序，讓嫁接作業變得更簡單。

異花授粉 是指不同株、不同花之間的雄雌蕊授粉。⇔自花授粉

直立性 樹幹或枝條直線往上生長的特

性。相同品種也會因為個體而出現不同的性質。⇔匍匐性

多肉果 果肉含有大量水分的果實。由於果皮及果肉含有發芽抑制物質，因此在播種時需要洗去果皮及果肉。⇔乾果

透氣性 空氣的流通性。園藝介質會以「透氣性佳的介質」稱之。由於根部會呼吸，因此若透氣性差的話容易引起根腐。土壤狀態若為團粒構造，在顆粒之間就會有孔隙，使透氣性提升。➡排水性／保水性

盆底吸水 於盆底下方裝水，從盆底孔吸水稱為盆底吸水。將盆栽放入裝水的容器吸水則稱為「腰水」。最近市面上也有販售在盆栽盤內裝水，便可從盆缽中的垂吊繩自動吸水的底面吸水盆。

摘芯 將生長中的枝條前端摘下或切下稱為摘芯。是以抑制枝條伸長、促進腋芽長出，增加枝條數為目的，主要於盆缽栽培時進行。

徒長 莖部或枝條生長過長的狀況。原因可能來自於日照不足、高溫、肥料過多等栽培環境或管理等。可將多餘的部分去除或是進行截剪，整理植株。

共砧 在嫁接作業中，接穗和砧木的親和性非常重要，親和性愈高則愈容易存活。嫁接的親和性在遺傳上愈接近的話則愈高。基本上和接穗相同種類的砧木最為理想，此稱之為共砧木或本砧。

胚珠 雌蕊子房中的小粒子。由珠被和珠心構成，珠心中央含有叫做胚囊的組織。

排水性／保水性 顧名思義，就是排出多餘的水、保持有用的水的性質。園藝介質會以「排水性、保水性佳的介質」來稱之。由於根部會呼吸，在土壤中如果總是太過濕潤或乾燥，會造成根部無法呼吸，使生長變

差。介質的狀態若為團粒構造擁有孔隙，排水和保水都正常的話，植物的根系基本上就能順利生長。➡透氣性

匍匐性 樹幹或枝條無法往上直立生長，像是爬在地面上伸展的特性。也稱為爬地性。⇔直立性

葉水 是指用霧狀的水噴灑葉片。植物會從葉片進行蒸散作用以調節體溫。在炎夏等因為高溫而使植株衰弱時，可藉由噴灑葉水來降低溫度，讓植物恢復活力。除此之外，葉水也有預防病蟲害的作用。

葉燒（日燒） 葉片曬傷的狀態。葉片雖然能藉由蒸散作用來調節體溫，但是照射過多強烈的日照，會因為來不及調節而引起葉燒。變色成褐色的葉片無法復原。

蘖枝（basal shoots） 由植株基部長出的枝條。也稱為基部枝條。生長勢強，應儘早將不需要的枝條從基部切除。

肥培 是指進行適當的栽培管理。肥培可能會讓人聯想到大量施放肥料，其實並非如此。在植物繁殖中，只要適時適宜處理放置場所、澆水、施肥等，就能栽培出健康的苗木。

幹枝 從植株基部長出同樣強勢的枝條，而且看起來就像是樹幹一樣的樹姿。

幹立性／一根直立性 一根樹幹直立，並且從主幹長出枝條形成樹冠的樹形。三角楓、蘋果、厚皮香都是屬於此類型。➡株立性

吸水 扦插等將取下的枝條當作插穗之前，插入於水中使其充分吸水稱為吸水。

抹芽／砧木抹芽 將不要的芽剔除。在嫁接作業當中，砧木的芽會奪走接穗的養分，所以應儘早將砧木的芽剔除。

匍匐莖　也就是走莖。以藤蔓狀伸長的莖部。像吊蘭一樣會從節長出根系或枝條。

【介質（用土）】

赤玉土　將火山灰土下層的紅土碾碎成顆粒狀的介質。透氣性、排水性、保水性及保肥性極佳，是最常使用的基本介質。也是繁殖不可或缺的介質。栽種於盆栽時適合使用小顆粒或中顆粒的類型。

各種培養土　盆栽等栽培植物時的介質稱為培養土。原本是要根據不同栽培環境，了解每種介質的特性後自己混合而成，不過現在市面上都有販售盆花用、觀葉植物用、香草用、仙人掌用等，適合每種植物生長的培養土。只要使用這些培養土，就能省去調合比例的時間和節省多餘的介質，讓植物栽培變得更簡單。

鹿沼土　櫪木縣鹿沼地區產出的弱酸性土。透氣性及保水性佳，質地輕。乾燥後顏色變淡而偏白色，所以很適合用來辨別盆土的乾濕狀態。

河砂　由各地河川取得的砂。一般為硬質且具有稜角，排水性及透氣性佳，可用來當作繁殖的介質。

蛭石　將蛭石礦物以高溫加熱處理而來的人工介質。無菌、質地非常輕，具有很好的保水性、排水性、透氣性，適合當作繁殖的介質。

珍珠石　將珍珠岩以高溫、高壓處理而來的白色人工介質。乾淨而且非常輕，具有很好的保水性、排水性及透氣性。是繁殖時的混合介質中，不可或缺的介質之一。

壓縮泥炭板　將泥炭土壓縮成板狀的資材。一般是在播種細小種子或好光性種子時使用。

泥炭土　由濕地植物堆積、分解而來的土。幾乎都是從加拿大等外國進口而來。雖然酸性強，但是無菌且具有良好的保水性、排水性及透氣性，因此可以當作扦插用的混合介質。

腐葉土　由青剛櫟或椎栗等闊葉樹的落葉腐敗分解而來的介質。用手搓揉後若能輕易崩落的腐熟狀態最為理想。擁有良好的透氣性、保水性及保肥性。

水苔　採取生長於濕地或沼澤地的青苔並乾燥而來。具有良好的透氣性及保水性，是壓條繁殖時不可或缺的介質。

赤玉土　　鹿沼土　　培養土　　蛭石　　泥炭土

腐葉土

水苔

苦土石灰
栽種不耐酸性的
植物時使用

索引

粗體字為標題項目植物的一般名稱

TITLE

簡單上手的植物繁殖法　扦插嫁接壓條

STAFF		ORIGINAL JAPANESE EDITION STAFF	
出版	三悅文化圖書事業有限公司	カバー裝丁	sakana studio
作者	高柳良夫	本文イラスト	南歲三　有川しりあ　岡田真一
監修	矢端龜久男	写真撮影	天野憲仁（日本文芸社）　矢端亀久男　高柳良夫
譯者	元子怡	写真協力	株式会社 全通企画フォトサービス
		執筆協力	森田裕子
總編輯	郭湘齡	本文デザイン	大澤雄一（knowm）
責任編輯	蕭妤秦	編集協力	和田士朗（knowm）
文字編輯	張聿雯		
美術編輯	許菩真		
封面設計	許菩真		
排版	菩薩蠻數位文化有限公司		
製版	印研科技有限公司		
印刷	桂林彩色印刷股份有限公司		

法律顧問	立勤國際法律事務所　黃沛聲律師
戶名	瑞昇文化事業股份有限公司
劃撥帳號	19598343
地址	新北市中和區景平路464巷2弄1-4號
電話	(02)2945-3191
傳真	(02)2945-3190
網址	www.rising-books.com.tw
Mail	deepblue@rising-books.com.tw

本版日期	2022年12月
定價	450元

國家圖書館出版品預行編目資料

簡單上手的植物繁殖法：扦插嫁接壓
條/高柳良夫著；元子怡譯. -- 初版. --
新北市：三悅文化圖書事業有限公司,
2021.04
256面；18.2 x 23.5公分
譯自：もっと簡単で確実にふやせるさ
し木・つぎ木・とり木
ISBN 978-986-99392-6-3(平裝)

1.植物繁殖

435.53　　　　　　　　110002645